essentials

essentials liefern aktuelles Wissen in konzentrierter Form. Die Essenz dessen, worauf es als „State-of-the-Art" in der gegenwärtigen Fachdiskussion oder in der Praxis ankommt. *essentials* informieren schnell, unkompliziert und verständlich

- als Einführung in ein aktuelles Thema aus Ihrem Fachgebiet
- als Einstieg in ein für Sie noch unbekanntes Themenfeld
- als Einblick, um zum Thema mitreden zu können

Die Bücher in elektronischer und gedruckter Form bringen das Expertenwissen von Springer-Fachautoren kompakt zur Darstellung. Sie sind besonders für die Nutzung als eBook auf Tablet-PCs, eBook-Readern und Smartphones geeignet. *essentials:* Wissensbausteine aus den Wirtschafts-, Sozial- und Geisteswissenschaften, aus Technik und Naturwissenschaften sowie aus Medizin, Psychologie und Gesundheitsberufen. Von renommierten Autoren aller Springer-Verlagsmarken.

Weitere Bände in der Reihe http://www.springer.com/series/13088

Johannes Hinckeldeyn

Blockchain-Technologie in der Supply Chain

Einführung und Anwendungsbeispiele

 Springer Vieweg

Johannes Hinckeldeyn
Institut für Technische Logistik (TUHH)
Technische Universität Hamburg
Hamburg, Deutschland

ISSN 2197-6708 ISSN 2197-6716 (electronic)
essentials
ISBN 978-3-658-26439-0 ISBN 978-3-658-26440-6 (eBook)
https://doi.org/10.1007/978-3-658-26440-6

Die Deutsche Nationalbibliothek verzeichnet diese Publikation in der Deutschen Nationalbibliografie; detaillierte bibliografische Daten sind im Internet über http://dnb.d-nb.de abrufbar.

Springer Vieweg
© Springer Fachmedien Wiesbaden GmbH, ein Teil von Springer Nature 2019

Springer Vieweg ist ein Imprint der eingetragenen Gesellschaft Springer Fachmedien Wiesbaden GmbH und ist ein Teil von Springer Nature
Die Anschrift der Gesellschaft ist: Abraham-Lincoln-Str. 46, 65189 Wiesbaden, Germany

Was Sie in diesem *essential* finden können

- Grundsätzliche Einführung in das Thema Blockchain mit besonderem Fokus auf Unternehmensanwendungen
- Übersicht über aktuelle Blockchain Plattformen
- Ausgewählte Projekte und Beispiele von Blockchain Anwendungen in der Supply Chain
- Beschreibung von zwei Blockchain Prototypen
- Eine kritische Einordnung und Bewertung der Blockchain Technologie in Bezug auf das Thema Supply Chain

Inhaltsverzeichnis

Einleitung

1

Die Blockchain Technologie hat in den letzten Jahren viel Aufmerksamkeit erzeugt. Unaufhörlich werden Blöcke mit Transaktionen wie die Glieder eine Kette aneinander geschmiedet und können so nicht mehr verändert werden. Im Jahr 2008 wurde durch eine unbekannte Person oder Gruppe namens Satoshi Nakamoto in einem Internetforum die Beschreibung eines verschlüsselten und dezentralen Zahlungssystems publiziert [1]. Das darin beschriebene Protokoll zu Transaktionen von Geldwerten wurde unter dem Namen Bitcoin bekannt und sollte als Zahlungssystem ohne traditionelle Finanzinstitutionen funktionieren. Der dafür benötigte Programmcode wurde offen verfügbar gemacht, sodass jede Person weltweit Werte in Form von Bitcoin mit anderen Teilnehmern des Netzwerkes austauschen kann. Um Betrug unmöglich zu machen werden die Transaktionen kryptografisch abgesichert und weltweit dezentral in einem Netzwerk gespeichert. Der Bitcoin nahm eine bemerkenswerte Entwicklung, die zu einem Kurswert von annährend 20.000 US\$ zum Ende des Jahres 2017 führte. Im darauffolgenden Jahr brach der Kurs erheblich ein, aber trotzdem erfreut sich der Bitcoin weiterhin großer Beliebtheit. So stieg die Anzahl der Blockchain Konten mit fast 32 Mio. Ende 2018 auf ein neues Maximum, siehe Abb. 1.1. Eine ausführlichere Beschreibung der Bitcoin Geschichte kann im Buch des Journalisten Nathaniel Popper [2] nachgelesen werden. Blockchains zur Speicherung von Transkationen, wie z. B. von Bitcoins, werden heute als Blockchains der ersten Generation bezeichnet.

Allerdings können in einer Blockchain nicht nur Transaktionen sondern auch Programmcode abgespeichert und ausgeführt werden. Dadurch sollen nicht-manipulierbare, dezentrale Anwendungen möglich werden, die auch als sogenannte Smart Contracts bezeichnet werden. Die Idee dazu wurde zuerst mit der Ethereum Blockchain [3] umgesetzt. Diese Blockchain verfügt über

© Springer Fachmedien Wiesbaden GmbH, ein Teil von Springer Nature 2019
J. Hinckeldeyn, *Blockchain-Technologie in der Supply Chain,* essentials,
https://doi.org/10.1007/978-3-658-26440-6_1

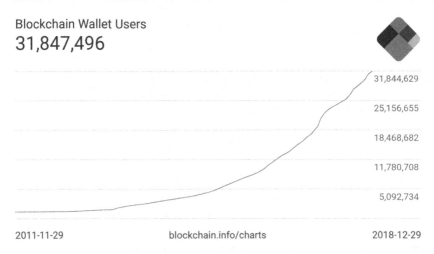

Abb. 1.1 Entwicklung Blockchain Wallets. (Blockchain.info 2018)

eine Möglichkeit Programmcode hochzuladen, abzuspeichern und durch alle Netzwerkpartner ausführen zu lassen. Dadurch besitzt das Ergebnis eine ähnliche Manipulationssicherheit wie eine Bitcoin Transaktion. Aufgrund der Fähigkeit Programmcode auszuführen, werden diese auch als Blockchains zweiter Generation bezeichnet.

Die Sicherheit der Blockchain gegenüber Manipulation und die Fähigkeit dezentral Programme auszuführen erregte auch die Aufmerksamkeit vieler Unternehmen. So beschäftigt sich die Europäische Kommission mit der Blockchain Technologie und ihren Auswirkungen auf die Industrie [8]. Als zunächst realisierbares Verbesserungspotenzial durch die Blockchain werden die Kostenreduzierung und die Effizienzsteigerung in industriellen Prozessen gesehen. In zweiter Linie erwartet man auch neue Geschäftsmodelle und Dienstleistungen, wie die Nachverfolgung von Objekten oder die sichere Feststellung von Identitäten. Insbesondere der dezentrale Charakter der Blockchain könnte bestehende, zentrale Geschäftsmodelle etablierter Unternehmen infrage stellen. Zu ähnlichen Ergebnissen kommt auch eine Studie der Unternehmensberatung McKinsey, die bereits Lehren aus den ersten Jahren der Blockchain Entwicklung zieht [9]. So muss Blockchain nicht zwangsläufig immer einen Intermediär ersetzen um Mehrwert für Unternehmen zu erzeugen. Für Unternehmen können auch nicht-öffentliche Blockchains Vorteile bringen. Allerdings wird hier der Mehrwert der Blockchain auch zunächst primär in der Kostenreduzierung gesehen und erst in der weiteren Zukunft in der Einführung neuer Geschäftsmodelle. Ein breiterer Einsatz von Blockchains in der Wirtschaft wird erst in 3 bis 5 Jahre erwartet. Ideen und Vorschläge für Anwendungen von Blockchains sind jedoch zum jetzigen Zeitpunkt schon vielfach vorhanden. In einer Studie des VDI Technologiezentrums und der Gesellschaft für Informatik wurden verschiedene Anwendungsfelder für die Blockchain Technologie identifiziert: Versicherungs- und Finanzwirtschaft, Maschinenkommunikation im Internet der Dinge, Energiewirtschaft und die Übertragung und Absicherung von Nutzungsrechten [6]. Eine Studie des Fraunhofer-Institut für Angewandte Informationstechnik kommt zu ähnlichen Anwendungsfeldern für den finanzwirtschaftlichen, öffentlichen und juristischen Sektor, sowie für das Internet der Dinge [7]. Es werden jedoch auch verschiedene Hindernisse gesehen, die für eine erfolgreiche Einführung beseitigt werden müssen, wie zum Beispiel Probleme bei der Skalierbarkeit und rechtlichen Einordnung von Smart Contracts. In einer Studie des Weltwirtschaftsforum wird der Blockchain Technologie transformatives Potenzial zugeschrieben und es werden 65 mögliche Anwendungsfälle identifiziert [11]. Hervorgehoben wird dabei die durchsichtige Supply Chain, bei der eine hohe Transparenz in Bezug auf Ort, Herkunft und Verwendung zu einer Optimierung der Lieferbeziehungen führen soll. Im 9. Hermes Supply Chain Barometer wurden 200 Entscheider in der Logistik zum Thema Blockchain in der Supply Chain befragt [5]. 32 % der Befragten messen der Blockchain Technologie ein Veränderungspotenzial zu, dass über das Potenzial des normalen Digitalisierungsprozesses hinausgeht. Allerdings haben sich erst 21 % mit der Funktionsweise der Blockchain befasst [5]. Die Auswirkungen der Blockchain auf die Supply Chain der Automobilindustrie wurde von der Unternehmensberatung Roland Berger [10] analysiert. Dabei gibt es innerhalb des Gebietes der Automotive Supply Chain gleiche mehrere potenzielle Anwendungsfälle, wie die Nachverfolgung von Bauteilen und die Identifizierung von echten Ersatzteilen. Mit der Bedeutung der Blockchain für die Logistik beschäftigen sich auch Petersen und Hackius [12]. Die befragten Unternehmen nannten die Vereinfachung administrativer Prozesse, die Bekämpfung gefälschter Produkte, Herkunftsnachweise und die Verwendung von Internet der Dinge-Geräten als wichtige Anwendungsfälle in der Supply Chain. Diese Studien illustrieren die hohen Erwartungen der Wirtschaft an die Blockchain Technologie zur Verbesserung von Lieferketten.

Während es nicht an Ideen für Blockchains in der Supply Chain mangelt, fehlen tiefer gehende Studien zu diesem Forschungsgebiet. Die vorhandenen Arbeiten loten das vorhandene Verbesserungspotenzial der Blockchain Technologie aus und stellen mögliche Anwendungsfälle vor. Allerdings wird keine detaillierte Untersuchung in Bezug auf Logistik und Produktion gemacht. So stellt sich die

Frage, was der Einsatz der Blockchain Technologie in der Supply Chain wirklich bedeutet. Wie könnten konzeptionelle Lösungen gestaltet werden, zum Beispiel ein Dienst zur Nachverfolgung von Ersatzteilen? Welche technischen Hürden sind auf dem Weg zu einer erfolgreichen Implementierung zu nehmen? Wie reif sind die mittlerweile vielfach vorhandene Blockchains für solche Anwendungen heute bereits und für welche Fälle lohnen sie sich? Das Ziel dieses Buches ist die kritische Auseinandersetzung mit Anwendungen der Blockchain Technologie für die Supply Chain. Dazu wird im nachfolgenden Kapitel zunächst eine Einführung in das Thema Blockchain mit besonderem Fokus auf Logistik und Produktion gegeben. Anschließend werden vorhandene Projekte und StartUps mit Fokus auf Blockchain und Supply Chain vorgestellt. Danach folgt die detaillierte Beschreibung von zwei Konzeptbeispielen, welche die Anwendung von Blockchains in der Supply Chain demonstrieren. Abschließend wird die Entwicklung der Blockchain Technologie eingeordnet und Entwicklungsmöglichkeiten aufgezeigt.

Stand der Technik 2

Seit dem Bitcoin Whitepaper hat sich die Blockchain Technologie erheblich weiterentwickelt. Die einzelnen Bestandteile des Bitcoin Konzepts existieren schon vorher [13], wurden aber erst von Satoshi Nakamoto zu einer Meta-Technologie zusammengesetzt. Trotzdem befindet sich die Blockchain Technologie noch in einem sehr frühen Stadium der Entwicklung. Im Folgenden wird ein kurzer Überblick über den aktuellen Stand der Technik und die neuesten Entwicklungen gegeben mit besonderem Fokus auf den Einsatz im Unternehmensumfeld.

2.1 Begriffsdefinition Distributed Ledger Technologie und Blockchain

Der Hype um die Blockchain Technologie führten zu einer teilweise inflationären Verwendung des Begriffes Blockchain. Eine Forschungsgruppe der Universität Cambridge stellte die Verwendung unvollständiger und inkonsistenter Terminologie fest und entwickelte ein Referenzmodell, welches die notwendigen Bestandteile einer Blockchain beschreibt [14]. Der Begriff Blockchain lässt sich dabei dem Oberbegriff Distributed Ledger Technologie (DLT) zuordnen.

▶ Als **Distributed Ledger Technologie** versteht man ein System mit mehreren Teilnehmer, welches trotz unbekannter Zuverlässigkeit dieser Teilnehmer ohne zentrale Steuerungsautorität funktioniert.

▶ In diesem Sinne lässt sich **Blockchain** als ein Sonderfall der Distributed Ledger Technologie verstehen, bei dem Informationen in einer Datenstruktur aus mit Hashwerten verketteten Blöcken abgespeichert werden können.

© Springer Fachmedien Wiesbaden GmbH, ein Teil von Springer Nature 2019
J. Hinckeldeyn, *Blockchain-Technologie in der Supply Chain*, essentials,
https://doi.org/10.1007/978-3-658-26440-6_2

Das Hauptaugenmerk dieses Buchs liegt auf der Blockchain Technologie als solcher und ihrer Anwendung für Probleme der Supply Chain. Deshalb wird hier weiterhin der Begriff Blockchain verwendet und als Untergruppe der Distributed Ledger Technologie verstanden.

2.2 Technische Funktionsweise einer Blockchain

Die nachfolgenden Abschnitte beschäftigen sich mit den kryptografischen Eigenschaften und Funktionen einer Blockchain. Ausgenommen davon sind die sogenannten Konsensalgorithmen. Aufgrund ihrer Bedeutung für die Blockchain wird diesem Thema in Abschn. 2.3 ein eigenes Unterkapitel gewidmet.

2.2.1 Hashwerte und Hashfunktionen

Eine Hashfunktion berechnet aus einem beliebig großen Datensatz eine Prüfsumme mit immer gleicher Länge, den sogenannten Hashwert. Ziel ist es einen bestimmten Datensatz eindeutig über seinen Hashwert identifizieren zu können. In der Blockchain Technologie nutzt man die Eigenschaften von Hashwerten aus. Drescher beschreibt vier Eigenschaften kryptografischer Hashfunktionen für Blockchains [15]:

▶ Kryptografische Hashfunktionen sind deterministisch. Eine Hashfunktion liefert für die gleiche Dateneingabe immer wieder auch genau den gleichen Hashwert (Abb. 2.1).

▶ Kryptografische Hashfunktionen sind pseudozufällig. Die Veränderung der Eingabe einer Hashfunktion führt zu einer nicht vorhersehbaren Veränderung des resultierenden Hashwertes (Abb. 2.2).

▶ **Wichtig**
Kryptografische Hashfunktionen sind Einwegfunktionen. Vom Hashwert ist es nicht möglich auf die Eingabe der Hashfunktion zurückzuschließen (Abb. 2.3).
Kryptografische Hashfunktionen sind kollisionsresistent. Bei unterschiedlicher Eingabe der Hashfunktion ergeben sich unterschiedliche Hashwerte. Es darf keinen identischen Hashwert für mehrere Eingaben geben (Abb. 2.2).

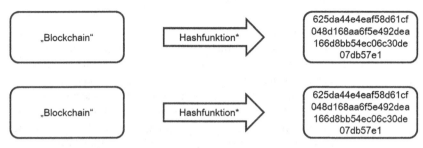

*Verwendung der SHA256 Algorithmus

Abb. 2.1 Deterministische Hashfunktion. (Eigene Darstellung)

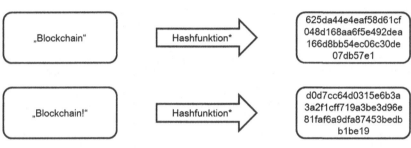

*Verwendung der SHA256 Algorithmus

Abb. 2.2 Pseudozufälliger Hashwert

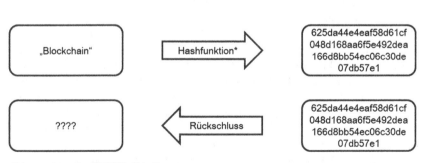

*Verwendung der SHA256 Algorithmus

Abb. 2.3 Einweg-Hashfunktion

Kryptografisches Hashing ist ein zentraler Baustein der Blockchain Technologie. Anhand der Hashfunktion werden Transaktionen so verschlüsselt, dass es nicht möglich ist auf die Eingabedaten zurückzuschließen. Allerdings wird es damit auch möglich Transaktionen eindeutig zu identifizieren und damit ihre Echtheit zu beweisen. In der Blockchain wird dies für die Verschlüsselung und Signatur von Daten verwenden (Abschn. 2.2.2) verwendet. In den bekannten Blockchains kommt eine Vielzahl von Hashing Algorithmen zum Einsatz, wobei die sogenannten Secure Hashing Algorithmen (SHA) eine Hauptrolle spielt. Heute benutzt beispielsweise Bitcoin den Hashing Algorithmus SHA256. Eine Studie von [16] zeigt sechs Verwendungsarten von Hashing Algorithmen in der Blockchain Technologie:

1. Konsensalgorithmen, insbesondere für den Proof of Work Algorithmus Abschn. 2.3.2
2. Generierung von Adressen für Blockchain Anwendungen Abschn. 2.5
3. Erstellung von Blöcken, insbesondere bei der Verwendung von Merkle Trees Abschn. 2.2.3
4. Verwendung von Signaturen beim Austausch von Transaktionen Abschn. 2.2.2
5. Erzeugung von Zufallszahlen
6. Protokolle zum Nachweis von Identitäten.

Hashwerte sind zentrale Elemente der Blockchain Technologie. Dementsprechend wichtig ist die Sicherheit der eingesetzten Algorithmen für die Sicherheit des Systems.

2.2.2 Asymmetrische Verschlüsselung und digitale Signaturen

Ein weiterer wichtiger Baustein der Blockchain Technologie sind die asymmetrische Verschlüsselung und digitale Signaturen. Asymmetrische Verschlüsselung wird auch als Public-Key-Kryptographie bezeichnet [17] und beim Versand verschlüsselter E-Mails eingesetzt. Die Idee geht auf die Arbeit der beiden Kryptographen Whitfield Diffie und Martin Hellman zurück [18] und liegt in der Erzeugung zweier Schlüssel, einem privaten Schlüssel und einem öffentlichen Schlüssel. Dabei handelt es sich um aus Sicherheitsdaten erzeugte Hashwerte (Abschn. 2.2.1). Der öffentliche Schlüssel wird bekannt gemacht. Der private Schlüssel muss dagegen geheim gehalten werden. Dieses Schlüsselpaar erlaubt zwei wichtige Operationen, welche für die Blockchain Technologie eine entscheidende Rolle spielen, siehe Abb. 2.4. Verschlüsselt ein Sender seine Nachricht mit dem öffentlichen Schlüssel des Empfängers, so kann diese Nachricht nur mit dem privaten und ausschließlich dem Empfänger bekannten Schlüssel entschlüsselt werden. So wird eine sichere Übertragung von Daten ermöglicht. Weiterhin kann die Nachricht auch mit einer digitalen Signatur versehen werden. In diesem Fall errechnet der Sender den Hashwert der Nachricht (Abschn. 2.2.1) und verschlüsselt diesen mit seinem privaten Schlüssel. Der Empfänger kann nun den öffentlichen Schlüssel nutzen, um die Signatur zu entschlüsseln und den resultierenden Hashwert der Nachricht mit dem von ihm errechneten Hashwert zu vergleichen. So kann sichergestellt werden, dass die Nachricht auch wirklich vom vermeintlichen Sender stammt und nicht manipuliert wurde.

In der Blockchain Technologie werden sowohl asymmetrische Verschlüsselung als auch Signaturen genutzt. Dabei generiert ein Nutzer ein Paar aus einem öffentlichen und einem privaten Schlüssel. Der öffentliche Schlüssel entspricht einer Identifikationsnummer, z. B. für ein Bitcoin Konto. Der private Schlüssel wird zur Autorisierung und Signatur von Blockchain Transaktionen genutzt. So wird eine Authentifizierung von Sender und Empfängers sichergestellt.

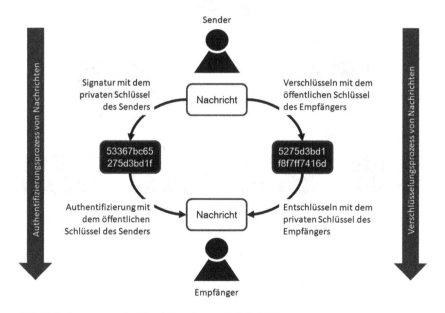

Abb. 2.4 Asymmetrische Verschlüsselung und digitale Signaturen

2.2.3 Merkle Trees

Eine Blockchain besteht aus mehreren Transaktionen, welche miteinander manipulationssicher verknüpft werden. Einzelne Transaktionen werden in einem sogenannten Hash Baum gespeichert, auch Merkle Tree genannt [19]. Ziel ist mehrere Transaktionen durch einen Hashwert (siehe Abschn. 2.2.1) auszudrücken. Das Prinzip ist in Abb. 2.5 dargestellt. Es werden jeweils zwei Hashwerte wiederholt addiert. Dies geschieht so lange bis nur noch ein einziger Hashwert übrig bleibt. Dieser wird dann auch als Merkle Root bezeichnet.

Wird der Inhalt einer Transaktion nachträglich verändert, so ändert sich der Hashwert dieser Transaktion und mit ihm auch die Hashwerte aller daraus resultierenden Transaktionen bis hinauf zur Merkle Root. Das bedeutet, dass eine nachträgliche Veränderung automatisch zu einer Veränderung des gesamten Baums führt und so schnell identifiziert werden kann. Hiermit können Manipulationsversuche von einzelnen Transaktionen sofort aufgedeckt werden.

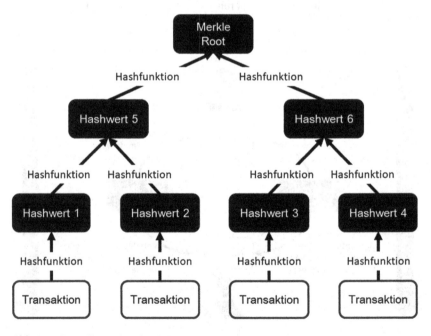

Abb. 2.5 Darstellung eines Hash-Baums

2.2.4 Verkettung von Blöcken

Nach der Verknüpfung einzelner Transaktionen müssen die Merkle Trees (Abschn. 2.2.3) zu einer Kette verbunden werden, welche der Blockchain ihren Namen gibt (Abb. 2.6). Für die Erstellung eines Blocks ist ein Teilnehmer des Blockchain Netzwerkes verantwortlich. Je nach Blockchain Plattform können dabei der Name und die Aufgabe eines solchen Teilnehmers leicht variieren, z. B. Miner bei Bitcoin und Ethereum oder Orderer Node bei Hyperledger Fabric. Ein Block besteht dabei aus einem Blockkopf und dem dazu gehörigen Merkle Tree der enthaltenen Transaktionen. Der Blockkopf besteht dabei aus fünf Bestandteilen:

- Der Zeitstempel dokumentiert den Erstellungszeitpunkt des Blocks.
- Der Hashwert des vorherigen Blocks geht als Verknüpfung zur Kette der restlichen Blöcke in den Blockkopf ein und stellt so eine Verbindung zu den bereits gebildeten Blöcken her.
- Der Merkle Root Hashwert verbindet die einzelnen Transaktionen mit dem Blockkopf.
- Über den Wert der Schwierigkeit wird beim Proof of Work Konsensalgorithmus (Abschn. 2.3.2) die Zeit zwischen der Erstellung neuer Blöcke reguliert und so auch der Durchsatz der Blockchain bestimmt. Dieses Verfahren kommt hauptsächlich in öffentlichen Blockchains zum Einsatz. In nicht-öffentlichen Blockchain Plattformen existieren auch andere Konsensalgorithmen (Abschn. 2.3).

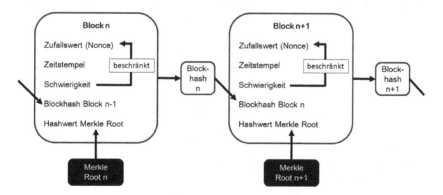

Abb. 2.6 Verkettung von Blöcken zu einer Blockchain

- Um einen zulässigen Blockhash zu finden, muss ein passender Zufallswert gefunden werden. Dieser wird als „Nonce" (Number used once) bezeichnet. Die Teilnehmer des Blockchain Netzwerkes versuchen diesen Wert mit möglichst viel Rechenaufwand schnell zu finden.

Wurde ein passender Blockhash gefunden, so wird ein Block gebildet und an alle Teilnehmer des Blockchain Netzwerkes versendet. Der Blockhash geht dann in den nächsten Block ein. Über das Verknüpfen von Transaktionen über Merkle Trees und Blöcke wird die Manipulationssicherheit der Blockchain sichergestellt. Eine einzige veränderte Transaktion führt zu einer Veränderung der gesamten Blockchain. Darüber hinaus müsste die neue Blockchain noch von allen Teilnehmern des Blockchain Netzwerkes akzeptiert werden.

2.3   Konsensalgorithmen

Blockchains können nicht nur als Datenstruktur sondern auch als verteiltes System verstanden werden. Es handelt sich um ein Netzwerk mit verschiedenen Teilnehmern, die mehr oder weniger gleichberechtigt auf die Daten in der Blockchain zugreifen und diese unter gewissen Umständen verändern können. Da es keine zentrale Instanz gibt, welche über den Zustand der vorgehaltenen Daten entscheidet, muss unter den Netzwerkteilnehmern ein Konsens über die Realität in der Blockchain gefunden werden. Das Protokoll, um einen solchen Konsens herzustellen, wird als Konsensalgorithmus bezeichnet. Dieser kann variieren, je nach Blockchain Plattform. Für den Zweck dieses Buches werden bekannte Konsensalgorithmen wichtiger Blockchain Plattformen kurz vorgestellt.

2.3.1   Byzantine Fault Tolerance

Durch den Konsensalgorithmus soll das sogenannte Problem der Byzantinischen Generäle gelöst werden. Die zugehörige Analogie beschreibt das Problem der Herstellung eines Konsens in einem verteilten System mit nicht-vertrauenswürdigen Teilnehmern. In der Analogie des Problems der byzantinischen Generäle wird eine Burg von mehreren, räumlich getrennten Armeen belagert, siehe Abb. 2.7. Jede Armee verfügt über einen eigenen General als Entscheidungsträger. Nur ein koordinierter Angriff aller Armeen gleichzeitig führt zur

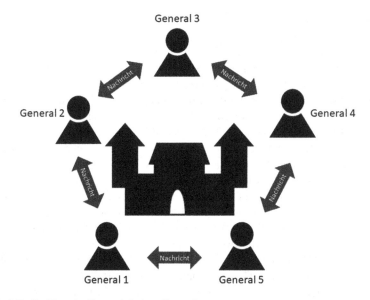

Abb. 2.7 Problem der Byzantinischen Generäle

Eroberung der Burg. Aufgrund der räumlichen Verteilung müssen die Angriffe über Boten koordiniert werden. Dabei stellt sich das Problem, das der Nachricht eines Boten nicht unbedingt vertraut werden kann. Es stellt sich die Frage, wie ein Konsens unter den Generälen hergestellt werden kann ohne die Vertrauenswürdigkeit der Nachricht einschätzen zu müssen.

Eine besondere Leistung der Blockchain ist, die Auflösung dieses Problems der Byzantinischen Generäle. Für ein Blockchain Netzwerk stellt sich das Problem immer dann, wenn ein mehr oder weniger offener Zugang für neue Teilnehmer besteht. In so einem Fall kann nicht die Vertrauenswürdigkeit aller Teilnehmer vorausgesetzt werden. Trotz der Möglichkeit zur Manipulation muss ein Konsens unter allen Netzwerk Teilnehmern gefunden werden. Löst der dafür eingesetzte Algorithmus das Problem der Byzantinischen Generäle, so wird dies als Byzantine Fault Tolerant bezeichnet. Nicht alle Blockchain Netzwerk besitzen dieses Problem in gleichem Maße und nicht alle Blockchain Plattformen lösen das Problem auf dieselbe Weise. Nachfolgend werden die bekanntesten Konsensalgorithmen vorgestellt.

2.3.2   Proof of Work

Proof of Work ist der klassische Konsensalgorithmus der Blockchain Technologie. Er wurde zuerst im Paper von Nakamoto [1] beschrieben und wird heute
noch für Bitcoin und Ethereum eingesetzt. Beim Proof of Work wird der Konsens
durch Netzwerkteilnehmer hergestellt, die Miner genannt werden. Diese Miner
versuchen einen Hashwert (Abschn. 2.2.1) zu finden, welcher einer gegebenen
Schwierigkeit genügt (Abschn. 2.2.4), siehe Abb. 2.8. Ein passender Hashwert
kann dabei nur durch zufälliges Ausprobieren von Werten gefunden werden. Der
Finder eines passenden Zufallswertes erhält die Erlaubnis einen Block zu bilden
und verschickt den neuen Block anschließend an alle Teilnehmer. Diese können
anhand des nun gefundenen Zufallswertes, der Transaktionen und des Blockhas-
hes (Abschn. 2.2.4) die Korrektheit des Blockes überprüfen. Der Finder erhält
eine Belohnung ausgezahlt, der Konsens wurde hergestellt und die Suche nach
dem nächsten passenden Zufallswert beginnt.

Der Proof of Work Konsensalgorithmus wird in der Bitcoin und in der Ethereum Blockchain eingesetzt. Die ausgezahlte Belohnung stellt für die Miner einen
Anreiz dar mit möglichst viel Rechenkapazität nach einer passenden Zufalls-
zahl zu suchen. Je mehr Rechenkapazität ein Miner besitzt, desto größer ist die
Wahrscheinlichkeit einen passenden Wert zu finden. Dementsprechend führt eine
hohe Belohnung zu erheblichen Rechenkapazitäten, ausgedrückt durch Hashrate
pro Zeiteinheit, welche das Netzwerk gegen Manipulationen schützt. Denn sollte

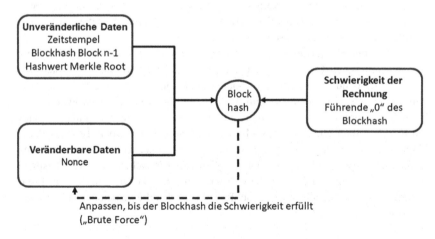

Abb. 2.8 Prinzip des Proof of Work Konsensalgorithmus

ein Angreifer eine Manipulation der Blockchain vornehmen, so müsste er über die Mehrheit der Rechenkapazität verfügen, um eine entsprechend hohe Wahrscheinlichkeit zum Auffinden eines passenden Zufallswertes zu erhalten. Die Absicherung des Konsens über Rechenkapazität hat sich bei Netzwerken mit vielen Minern bisher als erfolgreich erwiesen, besitzt aber auch Nachteile. Aufgrund der Notwendigkeit zur rechenintensiven Suche nach einem passenden Hashwert ist der Durchsatz dieser Blockchain Netzwerke nur sehr begrenzt. Außerdem führt der Hunger an Rechenkapazität der Blockchain Netzwerke zu einem hohen Energieverbrauch [20] und zu entsprechenden Emissionen. Diese Nachteile führten zur Entwicklung anderer Konsensalgorithmen.

2.3.3 Proof of Stake

Der Proof of Stake Algorithmus ist ein Versuch, den Konsensalgorithmus von der Verwendung an Rechenkapazität zu entkoppeln. Der Konsens wird auch hier wieder über bestimmte Netzwerk Teilnehmer hergestellt, die anhand einer Werteinlage („Stake") bestimmt werden. Deshalb wird beim Proof of Stake Algorithmus nicht von Minern sondern Validatoren gesprochen. Diese Validatoren hinterlegen einen bestimmten Wert und erhalten ein potentielles Recht an der Bildung von Blöcken teilzunehmen. Die Wahrscheinlichkeit an der Bildung eines Blockes mitzuwirken hängt hier vom eingelegten Wert ab. In der Praxis haben sich so zwei unterschiedliche Proof of Stake Systeme herausgebildet, siehe Abb. 2.9. Beim Chain-Based Proof of Stake wird ein einzelner Validator zufällig ausgewählt. Dieser erhält das Recht einen neuen Block zu erstellen. Beim Byzantine Fault Tolerant Proof of Stake wird zufällig eine Gruppe an Validatoren ausgewählt, die einen neuen Block prüfen und darüber abstimmen. Wird ein eine vorher festgelegte Mehrheit erreicht, so wird der Block angenommen.

Der Vorteil des Proof of Stake ist die Entkopplung der genutzten Rechenkapazität vom Energieverbrauch, sowie ein höherer Durchsatz. Allerdings geht damit eine Tendenz zur Zentralisierung einher, da Teilnehmer mit einer hohen Werteinlage bevorzugt werden. Beim Proof of Work gibt es jedoch ähnliche Entwicklungen, durch die Bildung von rechenstarken Gruppen von Minern („Mining Pools"). Während Bitcoin weiterhin am Proof of Work Algorithmus festhält, plant Ethereum den Umstieg auf Proof of Stake. Das zugehörige Projekt trägt den Namen „Casper". Andere Blockchain Plattformen nutzen bereits Proof of Stake, zum Beispiel Lisk [21] oder EOS [4].

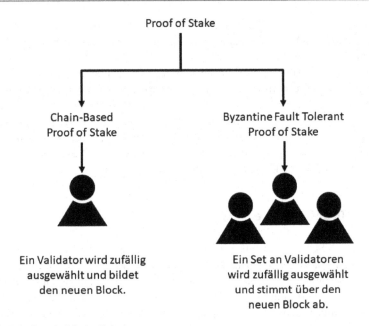

Abb. 2.9 Proof of Stake Systeme

2.3.4 Proof of Authority

Als Proof of Authority wird eine Familie von Konsensmechanismen bezeichnet, die sich auf einen oder mehrere besonders vertrauenswürdige Netzwerkteilnehmer stützt, siehe Abb. 2.10. Wie beim Proof of Stake werden diese als Validatoren bezeichnet. Diese Validatoren werden als besonders vertrauenswürdig angesehen und werden deshalb zur Prüfung von Transaktionen und Erstellung von Blöcken in der Blockchain zugelassen. Allerdings muss sichergestellt werden, dass ein Validator nicht manipuliert oder kompromittiert wird. Um Validator zu werden, ist deshalb vorher eine Prüfung der Vertrauenswürdigkeit und der Identität notwendig. Die Gruppe der Validatoren wird üblicherweise klein gehalten. Da kein aufwändiger Rechenprozess zur Konsensfindung notwendig ist, können diese Verfahren durchsatzstark und effizient arbeiten. Teilnehmer außerhalb der Gruppe der Validatoren, sogenannte Clients, können Transaktionen an die Validatoren schicken. Die Effektivität eines Netzwerkes mit Proof of Authority Konsensalgorithmus hängt also stark von der Reputation weniger Mitglieder

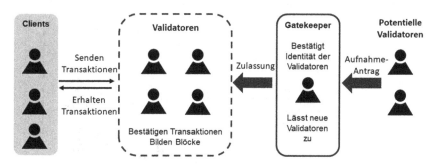

Abb. 2.10 Grundkonzept Proof of Authority

ab. Dem Algorithmus fehlt eine breite Dezentralität. Die Validatoren üben Macht über das Netzwerk aus und können dieses so beeinflussen.

Aufgrund des notwendigen Vertrauensvorschusses für Validatoren kommen Proof of Authority Verfahren oftmals auf nicht-öffentlichen Blockhain Plattformen zum Einsatz, die im Kontext von Unternehmen eingesetzt werden.

2.3.5 Practical Byzantine Fault Tolerance

Im Zusammenhang mit nicht-öffentlichen Blockchains wird auch der Practical Byzantine Fault Tolerance (PBFT) Konsensalgorithmus verwendet. Dieser Algorithmus wurde von den Autoren Castro und Liskov bereits 1999 als Lösung für das Problem der Byzantinischen Generäle (Abschn. 2.3.1) beschrieben [22]. Der Algorithmus sieht ein abstimmungsbasiertes Vorgehen zur Konsensfindung vor, siehe Abb. 2.11. Auch hier existiert eine Gruppe von Validatoren, die ankommende Transaktionen prüfen und bestätigen. Die Transaktionen eines Netzwerkteilnehmers (Clients) werden zunächst an einen bestimmten Validator (Leader) geschickt. Die Position des Leaders ist wichtig für den weiteren Prozess und wird für jeden Block per Zufall neu bestimmt. Nur der Leader ist berechtigt Transaktionen entgegenzunehmen und an alle anderen Validatoren weiterzureichen. Diese führen die Transaktionen aus und schicken eine Bestätigung zurück an den ursprünglich sendenden Client. Erhält der Client mehr als eine bestimmte Anzahl an Bestätigungen, üblicherweise mehr als zwei Drittel der Validatoren, so wird der Block von Transaktionen als angenommen angesehen. Dieser Zustand einer Transaktion wird auch als final bezeichnet.

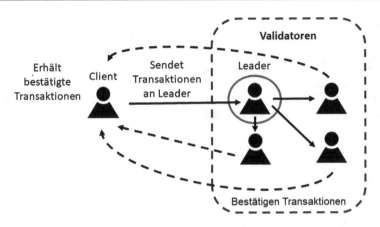

Abb. 2.11 Practical Byzantine Fault Tolerance Konsensalgorithmus

Der PBFT Konsens bietet Vorteile. Da es sich um keinen rechenintensiven Algorithmus handelt, ist der Energieverbrauch gering und auch der Durchsatz lässt sich einfach steigern. Zudem ist der Algorithmus in der Lage für Transaktionen einen finalen Zustand zu erreichen, da diese nach Erreichen eines bestimmten Quorums als angenommen gelten. Dies stellt einen Gegensatz zu Proof of Work basierten Systemen dar, in denen Blöcke theoretisch später noch mit sehr hohem Rechenaufwand geändert werden können. Dies führt zu einer gewissen Popularität, insbesondere bei nicht-öffentlichen Blockchain Plattformen. Den Vorteilen stehen jedoch auch Schwächen gegenüber. Kann ein vorher bestimmtes Quorum nicht erreicht werden, so liefert der Algorithmus keine Ergebnisse, zum Beispiel bei einem großflächigem Ausfall des Netzwerkes. Weiterhin ist die Authentifizierung von Nachrichten eine Schwäche des Algorithmus. Dabei werden sogenannte Method Authentification Codes (MACs, zu Deutsch Nachrichtenauthentifizierungscodes) eingesetzt, bei denen der Kommunikationsaufwand mit der Anzahl der Netzwerkteilnehmer zunimmt. Aus diesem Grund eignet sich der PBFT Algorithmus hauptsächlich für kleinere Netzwerke besonders gut.

2.4   Coins und Tokens

Viele Blockchain Plattformen nutzen eine Art Währung für den Betrieb ihres Netzwerkes. Zunächst sind Coins und Tokens voneinander zu unterscheiden. Beide werden als Kryptowährungen bezeichnet. Der Unterschied ist allerdings, dass Coins auf einem eigenen Netzwerk-Protokoll basieren, wie z. B. bei Ethereum oder Bitcoin. Tokens hingegen setzen auf bestehende Protokolle auf und besitzen kein eigenes Blockchain Protokoll. Dies ist zum Beispiel beim später vorgestellten FOAM Token (Abschn. 3.3) der Fall. Tokens lassen sich weiterhin in zwei Untergruppen einteilen; Utility Tokens und Security Tokens. Utility Tokens werden für den Betrieb einer Blockchain oder einer Blockchain Anwendung benötigt. Dabei können sie verschiedene Funktionen übernehmen, wie beispielsweise das Begleichen von Transaktionskosten. Security Tokens sind hingegen eher als Wertanlage zu verstehen. Ein Token wird als Security Token bezeichnet, wenn der Herausgeber eines Tokens sich in einer Art zur Rücknahme verpflichtet oder Gewinne verspricht. Die Einstufung eines Tokens als Security Token wird durch die jeweiligen Regulierungsbehörden vorgenommen. Viele Blockchains nutzen Tokens oder Coins für vielfältige Zwecke. Dies ist jedoch kein grundsätzliches Merkmal einer Blockchain. So nutzt Hyperledger (Abschn. 2.7.3) keine Tokens. Ob und wofür Tokens oder Coins eingesetzt werden hängt vom Einzelfall ab.

2.5   Wallets

Für die Verwaltung von Coins und Tokens werden sogenannte Wallets verwendet. Dabei handelt es sich um ein Programm, mit dessen Hilfe ein Besitzer die privaten Schlüssel seiner Blockchain Konten aufbewahren kann (Abschn. 2.2.2). Außerdem bildet das Wallet eine Schnittstelle zur Blockchain. Über ein Wallet können Transaktionen gesendet oder empfangen werden. Es dient damit als Schnittstelle eines Benutzers zur Blockchain. Dementsprechend wichtig und sicherheitskritisch ist der Umgang mit einem Wallet, denn sie gewähren dem Besitzer Zugang zu den privaten Schlüsseln eines oder mehrerer Blockchain Konten und damit Gewalt über die dort gespeicherten Werte.

Eine besondere Variante ist das sogenannte Multi-Signature Wallet. Dabei handelt es sich um ein Wallet, über das nicht eine einzelne Person entscheiden kann sondern eine Gruppe. Es handelt sich um ein Art Treuhandkonto, bei dem eine Mehrzahl der Besitzer einer Transaktion zustimmen muss. Kommt diese Mehrheit nicht zustande, so wird auch die Transaktion nicht ausgeführt. Entsprechende Wallets werden gerne auch als Bestandteil für Blockchain Anwendungen in der Logistik eingesetzt siehe Kap. 4.

2.6   Smart Contracts

Blockchains können nicht nur zur Übertragung von Werten genutzt werden sondern auch für das dezentrale Ausführen von Programmcode. Dahinter steht die von Nick Szabo bereits in den 1990er Jahren geäußerte Idee Verträge automatisiert ausführen zu lassen [23]. Die Idee fußte auf der damals zunehmenden Verbreitung des Internets, durch welches die Ausführung von Rechtsgeschäften leichter automatisieren lassen würde. Szabo nannte die für die Automatisierung von Verträgen eingesetzten Konstrukte aus Programmcodes, Schnittstellen und Protokolle „Smart Contracts". Zudem erkannt er schon die Bedeutung von Sicherheit für die Verwendung dieser Smart Contracts. Die besonderen Sicherheitseigenschaften der Blockchain Technologie bieten für Smart Contracts eine gute Basis. Bereits die Bitcoin Blockchain (Abschn. 2.7.1) bietet ein einfache Skriptsprache (Bitcoin Script) zur Programmierung dezentraler Anwendungen. Besonders bekannt wurde der Einsatz von Smart Contracts durch Ethereum (Abschn. 2.7.2), da diese Plattform sich besonders gut für den Einsatz von Smart Contracts eignet. Mittlerweile existieren noch weitere Blockchain Plattformen mit Smart Contract Funktionalitäten, die im Verlauf des Buches vorgestellt werden (Abschn. 2.7).

Die Funktionalität von Smart Contracts basiert ebenfalls auf Transaktionen. Fürs bessere Verständnis soll hier die grobe Abbildung eines Kaufvertrages als Smart Contract dargestellt werden (Abb. 2.12). Ein Käufer bietet einem Verkäufer einen Wertgegenstand (Asset) an. Die notwendigen Bedingungen und

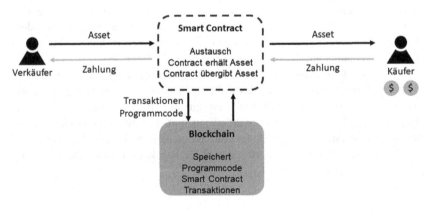

Abb. 2.12 Smart Contract Beispiel Kaufvertrag

Abläufe sind in einem Programmcode in der Blockchain gespeichert. Einigen sich die beiden Parteien, so werden die Übergabe des Assets und die Bezahlung vom Smart Contract ausgelöst und als Transaktion in der Blockchain gespeichert. Vorteil dieses Verfahren sind die automatisierte Abwicklung und die Absicherung von Gutübergabe und Bezahlung zwischen zwei möglicherweise unbekannten Parteien durch die Blockchain. Es ist kein Vertrauen zwischen Käufer und Verkäufer notwendig. Diese automatisierte, vertrauensfreie Abwicklung macht Smart Contracts gerade für Logistik und Supply Chain Anwendungen attraktiv.

Trotz des erwarteten Potenzials besitzen Smart Contracts jedoch auch einige Nachteile [24]:

- Als „Oracle Problem der Blockchain" wird die Schwierigkeit beschrieben, Tatsachen der reellen Welt in der Blockchain abzubilden. Dies ist immer dann der Fall, wenn der Smart Contract auf Informationen der physischen Umwelt angewiesen ist und nicht alleine auf virtuelle Güter des Internet aufbaut. In diesem Fall sind Schnittstellen zur physischen Welt notwendig, die als „Oracles" bezeichnet werden und entsprechendes Vertrauen benötigen.
- Ein weiteres Problem ist die Existenz unbestimmter Rechtsbegriffe, die einer Auslegung oder eines Ermessensspielraums bedürfen. Diesen Ermessenspielraum auszuschöpfen und zu bewerten müsste ebenfalls im Programm Code des Smart Contracts verankert werden.
- Weiterhin stellt sich die Frage, ob ein Smart Contract überhaupt ein Rechtsgeschäft sein kann, da solche Geschäfte nur zwischen natürlichen oder juristischen Personen geschlossen werden können. Ein Smart Contract wird allerdings eher mit einem Warenautomat verglichen, der Geschäft im Namen einer Person erfüllt, jedoch keine Verträge eingeht.
- Grundsätzlich stellt sich auch die Frage nach der Durchsetzbarkeit späterer Ansprüche. Da die Blockchain Technologie Vertrauensfreiheit verspricht, sollen Geschäfte zwischen anonymen Parteien möglich werden. Im Falle eines späteren Anspruchs lässt sich möglicherweise die andere Partei nicht mehr identifizieren bzw. der Smart Contract kann nicht mehr geändert oder zurückgenommen werden.
- Eine weitere Problematik ist die Verständlichkeit des Vertrages, die bei heutigen Rechtgeschäften gegeben sein muss. Die Verfassung des Vertrages in Programm Code stellt für viele Personen heute eine erhebliche Hürde zum Verständnis dar und stellt so dessen Gültigkeit infrage. Die Rechtsprofessorin Angela Walch bezeichnet die Entwickler von Smart Contracts deshalb als Treuhänder [25].

Hinzu kommt, dass die Blockchain widerstandsfähig gegenüber Manipulation ist, Smart Contracts jedoch nicht. Es existieren verschiedene Fälle, in denen Smart Contracts gehackt wurden. Die dadurch verlorenen Werte ließen sich aufgrund der Unveränderbarkeit der Blockchan nicht oder nur sehr schwer zurückholen.

2.7 Ausgewählte Blockchain Plattformen

Im Verlauf der letzten Jahre entwickelten sich verschiedene Blockchain Plattformen. Im nachfolgenden Kapitel werden ausgewählte Blockchain Plattformen vorgestellt. Da der Fokus des Buchs auf einer Anwendung für Logistik und Supply Chain liegt, werden hier insbesondere Blockchain Plattformen mit Smart Contract Funktionalität (Abschn. 2.6) diskutiert.

2.7.1 Bitcoin

Die Bitcoin Blockchain ist die älteste, bekannteste und größte Blockchain. Sie stellt den Ausgangspunkt für die gesamte Blockchain Bewegung dar. Die Funktionsweise der Bitcoin Blockchain stellt die Blaupause für viele nachfolgende Plattformen dar und wurde in den vorherigen Kapiteln bereits beschrieben. Grundsätzlicher Anwendungszweck der Bitcoin Blockchain ist ein virtuelles, dezentrales Zahlungssystem. Die Bitcoin Blockchain verfügt jedoch auch über eine eigene Programmiersprache, genannt Bitcoin Script. Damit wird die Möglichkeiten bestimmt, ob und unter welchen Umständen die per Transaktion erhaltenen Bitcoins ausgegeben werden dürfen. Jede Bitcoin Transaktion enthält eine entsprechend programmierte Logik. In den meisten Fällen erhält die Person das Recht die Bitcoins zu verwenden, der über den privaten Schlüssel zu der in der Transaktion angegebenen Bitcoin Adresse verfügt (Abschn. 2.2.2). Dies ist jedoch nicht der einzige denkbare Anwendungsfall. Beispielsweise könnte die Verwendung der erhaltenen Bitcoins an den Nachweis mehrerer privater Schlüssel gekoppelt sein. Dies würde der Implementierung der grundsätzlichen Funktionalität eines Multi-Signature Wallet (Abschn. 2.5) entsprechen, bei der mehrere Personen der Auszahlung zustimmen müssen. Dies könnte bei der Bezahlung einer Lieferung unter Einhaltung bestimmter Qualitätskriterien der Fall sein. Ein weiteres Beispiel ist der Ablauf einer Zeitdauer, nach der ein Betrag verwendet werden darf. Dies könnte der Fall sein, falls ein Lieferant rechtzeitig geliefert hat. Grundsätzlich lassen sich so Bitcoin Transaktionen an gewisse

Bedingungen knüpfen. Die Möglichkeiten dafür sind allerdings beschränkt und so sind Bitcoin Script Anwendungen heute selten und auch nur in Kombination mit Zahlungen anzutreffen.

2.7.2 Ethereum

Die Ethereum Blockchain hingegen stellt eine umfangreiche Infrastruktur und Werkzeuge zur Entwicklung und Anwendung von Smart Contracts zur Verfügung. Ethereum wurde ursprünglich von Vitalik Buterin und Gavin Wood mit dem Ziel entwickelt, verteilte Anwendungen auf Basis der Blockchain Technologie ausführen zu können. Diese Pionierarbeit bescherte Ethereum einen ähnlich populären Platz wie der Bitcoin Blockchain. Während die Bitcoin Blockchain immer die Verfügungsrechte von transferierten Bitcoins berechnet, stützt sich die Ethereum Blockchain auf den aktuellen Zustand der Blockchain, den sogenannten „World State". Der Ablauf einer Transaktion durch einen Smart Contract ist in Abb. 2.13 vereinfacht dargestellt. Ein Entwickler schreibt einen Smart Contract in der Programmiersprache Solidity, die eigens für die Entwicklung von Smart Contracts auf Ethereum entwickelt wurde. Der Programmcode wird in sogenannten Byte Code kompiliert und an alle Miner des Netzwerkes verteilt. Jeder der Miner nutzt eine Software, genannt Ethereum Virtual Machine, um den Byte Code des Smart Contracts ausführen zu können. Möchte nun Nutzer A den Smart Contract nutzen, so bildet sein Wallet die dafür notwendige Schnittstelle (Abschn. 2.5).

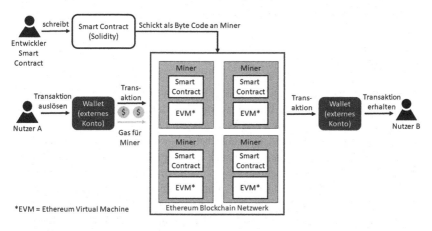

Abb. 2.13 Vereinfachte Funktionsweise der Ethereum Blockchain

Von dort wird die Transaktion an die Miner verteilt und damit die Ausführung des Smart Contracts ausgelöst. Für die Ausführung des Smart Contracts muss Nutzer A einen Preis bezahlen, genannt Gas Price. Der Gas Price richtet sich dabei nach dem Umfang des auszuführenden Programms und eines vom Nutzer A gesetzten Maximums. Reicht dieser Gas Price für die Ausführung des Smart Contracts aus und ist die Bezahlung für die Miner hoch genug, so kann der Programmcode auf den Rechnern aller Miner ausgeführt werden. Wurde der Smart Contract von allen Minern ausgeführt und das Ergebnis validiert, so erhält das Wallet von Nutzer B die Transaktion und der Vorgang wird in der Blockchain abgespeichert.

Das redundante Ausführen von Programmcode auf den Rechnern aller Miner führt zu einer sehr sicheren Ausführung des Smart Contracts im Vergleich zur Ausführung auf einem zentralen Server. Allerdings führt die parallele Ausführung des Smart Contracts auf den Rechnern aller Miner zu einem Durchsatzproblem. So kann die Ethereum Blockchain momentan geschätzt 7 bis 15 Transaktionen pro Sekunde umsetzen. In der Dokumentation der Solidity Programmiersprache wird bereits darauf hingewiesen keine Programme auf Ethereum auszuführen, die nicht auf einem Smartphone aus dem Jahr 1999 laufen würden [26]. Auch wenn der Durchsatz von Ethereum in der Zukunft gesteigert werden kann, wird es noch einige Zeit dauern bis genügend Transaktionen abgearbeitet werden können, um für die breite Anwendung in der Supply Chain nutzbar zu sein. Problematisch ist auch die geringe Anzahl an aktiven Nutzern für bereits entwickelte Ethereum Anwendungen, denn viele Smart Contracts werden nur sehr selten oder sogar gar nicht verwendet [29]. Selbst in einem optimistischen Szenario bleiben Supply Chain Anwendungen mit Ethereum zunächst auf spezielle Fälle und Probleme begrenzt, trotz der umfänglichen Smart Contract Funktionalität.

2.7.3 Hyperledger

Besondere Bedeutung unter den Blockchain Plattformen kommt den Hyperledger Projekten zu. Dabei handelt es sich um eine Gruppe von unterschiedlichen Blockchain Plattformen und Werkzeugen, die unter der Schirmherrschaft der Linux Foundation entwickelt und betreut werden [27]. Insgesamt existieren zehn Projekte. Besonders bekannt ist Hyperledger Fabric, eine Blockchain Plattform für Unternehmenszwecke, die intensiv von IBM unterstützt wird. Hyperledger Fabric bildet die Grundlage für viele Blockchains im Logistik und Supply Chain Bereich. Der grundsätzliche Ablauf einer Transaktion in Hyperledger Fabric ist in Abb. 2.14 dargestellt. Das Blockchain Netzwerk wird dabei in Mitglieds-Organisationen aufgeteilt, welche Blockchainknoten zu

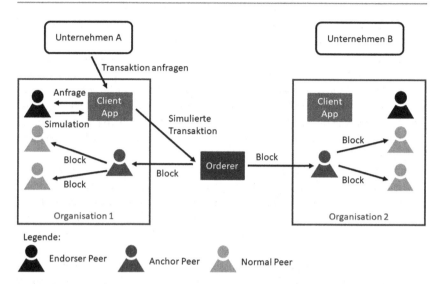

Abb. 2.14 Idealisierter Transaktionsproess in Hyperledger Fabric

eigenständigen Gruppen zusammenfassen. Im Gegensatz zu anderen Blockchains existieren verschiedene Arten von Knoten, Peers genannt. Jeder Peer authentifiziert sich über ein Zertifikat. Der normale Peer ist ein einfacher Knoten, der über eine Kopie der Blockchain verfügt. Ein Anchor Peer dient als eine Schnittstelle nach außen. Der Endorser Peer kann Transaktionen erhalten, Inhalte und Zertifikate prüfen und die Ausführung des Smart Contracts simulieren. Smart Contracts werden in Hyperledger als Chaincode bezeichnet und können in bekannten Programmiersprachen, wie Java oder Go geschrieben werden. Eine Kryptowährung gibt es bei Hyperleger Fabric nicht. Möchte ein Unternehmen nun Chaincode ausführen, so muss sie die dafür notwendige Transaktion über die Schnittstelle einer Applikation bei einer Organisation anfragen. Diese Transaktion wird an den Endorser der Organisation weitergeleitet, der die Transaktion prüft und die Ausführung des Chaincodes simuliert. Die simulierte Transaktion wird an einen Orderer Peer weitergeleitet, der als Kommunikationskanal zwischen Organisationen dient. Der Orderer sammelt und bestätigt die Transaktionen, bringt sie in eine Reihenfolge und gibt den entstehenden Block dann an die Anchor Peers der ihm bekannten Organisationen weiter. Diese verteilen dann die Blöcke an die normalen Peers, die den Block dann in ihrer Kopie der Blockchain abspeichern. Der Vorteil dieses Vorgehens ist, dass nicht alle Peers Chaincode ausführen müssen. Dies führt zu einer besseren Skalierbarkeit des Systems. Allerdings ist das Konsensbildungsprotokoll von Hyperledger Fabric momentan nur Crash Fault Tolerant (CFT) und nicht Byzantine Fault Tolerant (siehe Abschn. 2.3.1). CFT bedeutet, dass das Netzwerk auch bei Ausfall vorhandener Peers weiter betrieben werden kann. Widerstandsfähigkeit gegen Manipulation und bösartige Peers ist nicht gegeben. Die Veröffentlichung eines Byzantine Fault Tolerant Algorithmus ist für die Zukunft angekündigt. Mittlerweile findet sich Hyperledger Fabric bereits in verschiedenen Softwareprodukten und Anwendungen für Unternehmen, beispielsweise als Cloud Service von SAP [28].

Eine andere wichtige Hyperleger Blockchain ist Sawtooth [30]. Ein wichtiger Unterstützer der Plattform ist der Chip Hersteller Intel. Sawtooth ist ebenfalls als produktive Software verfügbar und Smart Contracts können in verschiedenen bekannten Programmiersprachen geschrieben werden, u. a. Javascript oder Python. Als Anwendungsfeld werden insbesondere Netzwerke mit Internet of Things Geräten gesehen. Zum Ende des Jahres 2018 wurde ein neues Projekt unter dem Schirm von Hyperledger aufgenommen. Es erhielt den Namen Hyperledger Grid und soll einen Werkzeugkasten für die Entwicklung von Blockchain Applikationen im Supply Chain Bereich entwickeln [33]. Momentan befindet sich das Projekt noch in der sogenannten Inkubationsphase und wird vom Unternehmen Cargill beigetragen. Der interessierte Leser wird zur weiteren Lektüre an die Projektwebseite von Hyperledger verwiesen [27].

2.7.4 Weitere Blockchain Plattformen mit Smart Contract Funktion

Außer den hier vorgestellten Blockchain Plattformen existieren noch weitere Projekte und Start-ups, welche sich insbesondere mit Smart Contract Funktionalitäten für Blockchains beschäftigten. Aufgrund der Kürze dieses Buches muss deshalb die Liste der vorgestellten Plattformen kurz und unvollständig ausfallen. Wer sich jedoch mit der Entwicklung und Anwendung von Smart Contracts beschäftigen möchte, der sei an andere Blockchain Plattformen verwiesen, wie zum Beispiel die Plattformen IOTA [31], Tezos [32], das Berliner Start-up Lisk [21] oder die Plattform EOS [4]. Aufgrund des schnellen Wandels in der Blockchain ist hier noch mit weiteren Entwicklungen und Akteuren zu rechnen, die künftig das Anwendungsfeld der Smart Contracts bereichern werden.

Ausgewählte Projekte und Start-ups

3

Die Anzahl von Ideen, Projekten und Start-ups im Blockchain Sektor ist immens. Die große Aufmerksamkeit und der Hype in den Jahren 2017 und 2018 hat dazu geführt, dass enorme Summen an Kapital in die Entwicklung der Blockchain Technologie und darauf basierenden Anwendungen geflossen sind. Im folgenden Kapitel werden ausgewählte Projekte, Start-ups, Ideen und Organisationen von Relevanz für die Anwendung der Blockchain Technologie für Logistik und Supply Chain vorgestellt.

3.1 Tradelens

Tradelens stellt eine Blockchain Plattform für die Logistik von Seefracht Containern bereit. Das Joint Venture von IBM und Maersk wurde im März 2017 medienwirksam angekündigt und im Dezember 2018 kommerziell eingeführt [35]. Das Ziel der Plattform ist der sichere Austausch von für den internationalen Seetransport notwendigen Informationen über mehrere Parteien hinweg. An diesen Prozessen können viele verschiedenen Parteien involviert sein, z. B. Speditionen, Reedereien, Häfen, Containerterminals oder Zollbehörden. Alle diese Prozessbeteiligten speichern ihre eigenen Daten. Die entstehende Silospeicherung führt zu Mehrkosten und einer Erhöhung der Prozesszeit. Ein automatisierter Austausch von manipulationssicheren Daten würde Prozesse vereinfachen und beschleunigen. Für die Verwendung der Blockchain sprechen mehrere Argumente:

- Handel zwischen internationalen Partnern braucht Vertrauen, das durch eine Blockchain noch weiter unterstützt werden kann.

- Die Echtheit von Dokumenten spielt eine Rolle im Import und Export und soll durch Speicherung des Hashwertes (Abschn. 2.2.1) eines Dokuments sichergestellt werden.
- Um im internationalen Warenaustausch miteinander Dokumente austauschen zu können, bietet Tradelens einen sogenannten Shipment Manager, über den ein Nutzer oder dessen IT System direkt mit der Blockchain kommunizieren kann.

Die von Tradelens dafür bereit gestellte Plattform basiert auf Hyperledger Fabric (Abschn. 2.7.3). Der beschränkte Zugang soll Teilnehmern die Möglichkeit geben, transparent Daten miteinander zu teilen ohne ungewollt Informationen an unbeteiligte Dritte weiterzugeben. Neue Mitglieder werden nach einer entsprechenden Prüfung aufgenommen. Fallweise kann auch Nicht-Mitgliedern Zugang gewährt werden. Dokumente können in der Tradelens Blockchain abgelegt werden. Smart Contracts (Abschn. 2.6) bzw. Chaincode in Hyperledger wird bei Tradelens für Business Funktionen eingesetzt, z. B. um eine Zollanmeldung automatisch durchzuführen. Änderungen an Datensätzen oder Dokumenten werden nur gemacht, wenn diese von allen Parteien akzeptiert werden. Damit wird die Konsistenz des Datensatzes gewährleistet.

Die Blockchain Plattform Tradelens arbeitet mit einem sogenannten Publish/Subscriber Protokoll auf der Blockchain. Dadurch werden Sender und Empfänger voneinander entkoppelt und müssen nicht andauernd in Verbindung miteinander stehen, um Informationen auszutauschen. Momentan konzentriert sich der Informationsaustausch auf drei Arten von Daten:

- Transportmeilensteine geben den Prozessfortschritt durch das Erreichen von gewissen Ereignissen an.
- Sensordaten können Informationen über den Zustand der Ware liefern, z. B. Temperatur.
- Dokumente für den Import und Export beschleunigen die Zollabwicklung.

Nach den Angaben von Tradelens nutzen im Februar 2019 mehr als 120 Teilnehmer die Plattform. Insgesamt sind 20 Mio. Container im System gespeichert und es werden etwa 1,5 Mio. Ereignisse pro Tag gespeichert.

Tradelens kann als Schichtenmodell dargestellt werden, welches in Abb. 3.1 abgebildet ist. Die erste Schicht bildet das Tradelens Netzwerk. Es setzt sich aus den registrierten Teilnehmern von Tradelens zusammen, z. B. Speditionen, Häfen und Zollbehörden. Diese Teilnehmer können Informationen auf Kanälen der Tradelens Plattform publizieren und abonnieren. Die Tradelens Plattform

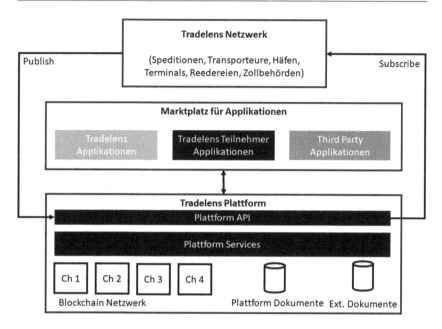

Abb. 3.1 Schichtenmodell Tradelens

baut auf den Daten des Netzwerkes auf und speichert diese in einer Hyperledger Fabric Blockchain. Die Informationen erhalten dabei Zugang über eine Plattform Schnittstelle („REST API"). Weiterhin werden verschiedene Plattform Services zur Verfügung gestellt, wie die Etablierung von Kanälen („Channels"). Wenn zwischen verschiedenen Teilnehmern ein Kanal geöffnet wird, so sind darin geteilte Informationen nach außen nicht sichtbar. Die dritte Schicht besteht aus einem Marktplatz für Applikationen. Diese können von Tradelens selbst, den registrierten Teilnehmern von Tradelens oder Dritten eingebracht werden. Dieses Schichtenmodell bietet die Grundlage für den Betrieb von Tradelens.

In der Vergangenheit gab es auch immer wieder Kritik an Tradelens. Die Kritik entzündete sich hauptsächlich an der Dominanz von Maersk und IBM. Zwar betont Tradelens immer wieder seine Neutralität. Bis heute traten etwas mehr als 120 Teilnehmer der Plattform bei, allerdings sind insbesondere Transporteure und Reedereien momentan sehr zurückhaltend. CMA CGM und Hapag-Lloyd lehnten eine Zusammenarbeit ab und von Kuehne + Nagel, Accenture und APL wird eine Alternativplattform aufgebaut [36]. Die Leitung von Tradelens besteht jeweils zur Hälfte aus IBM und Maersk Mitarbeitern. In Tradelens entwickelte Erfindungen wurden ebenfalls nur durch diese beiden Unternehmen patentiert. Damit eine Blockchain Plattform erfolgreich funktionieren kann, ist ein entsprechend großes Netzwerk an Teilnehmern notwendig. Ist dies nicht gegeben, so stellt sich die Frage, wie und ob Tradelens das erwartete Verbesserungspotenzial auch voll ausschöpfen kann.

3.2 Nachverfolgung von Objekten

Die Nachverfolgung von Objekten wird als ein viel versprechender Anwendungsfall für Blockchain Anwendungen in der Logistik angesehen. Dies lässt sich daran erkennen, dass dazu bereits eine Reihe von Pilotprojekten gestartet wurden, von denen einige hier kurz skizziert werden.

3.2.1 Management von Frachtträgern

Unter dem Schirm der GS1 Germany GmbH wurde im Jahr 2018 ein Projekt zur Abbildung des Palettentausches mithilfe der Blockchain Technologie durchgeführt [37]. Zum Konsortium des einjährigen Projektes gehörten 35 Unternehmen und Forschungseinrichtungen. Dazu zählten u. a. DHL, die Deutsche Bahn und Kaufland. Projektziel war die praktische Erprobung der Blockchain Technologie am Beispiel des Palettentausches. Die Projektergebnisse sind im Nachfolgenden kurz zusammengefasst [37]. Der Palettentausch als Prozess wurde gewählt, weil an diesem Prozess viele verschiedene, teilweise gegenseitig unbekannte Partner beteiligt sind und ein erheblicher administrativer Aufwand in Papierform vorhanden ist. Heute befinden sich in Europa etwa 500 Mio. Europaletten im Umlauf. Dies entspricht einem Wert von 2,5 Mrd. €. Geht man von fünf Umläufen pro Palette und Jahr aus, so ergeben sich Prozesskosten von 9,5 Mrd. €. Eine Digitalisierung des Prozesses schien erhebliche Verbesserungspotenziale zu besitzen.

Der Prototyp der Blockchain Anwendung besteht aus drei Bestandteilen: 1) einer App für Mobiltelefone bei Mitarbeitern direkt im Logistikzentrum vor Ort, 2) ein Paletten Portal mit Bearbeitungsmasken für Mitarbeiter in der Verwaltung und 3) einem Blockchain Netzwerk basierend auf einer MultiChain Blockchain, einer Open Source Blockchain. Das Blockchain Netzwerk umfasste 13 Knoten und 17 Teilnehmer mit insgesamt 20 Standorten. Etwa 600 Tauschvorgänge wurden über einen Zeitraum von 2 Wochen abgebildet. Zusätzlich wurde ein Belastungstest mit 3600 Tauschvorgängen pro Stunde durchgeführt.

Die Auswertung des Projektes ergab, dass die meisten Teilnehmer die Anwendung weiter nutzen würden, es jedoch auch Probleme gab. So konnte die Effizienz in der Verwaltung und im Logistikzentrum erhöht werden. Der Aufbau des Netzwerks macht den Hauptkostentreiber aus, während die Betriebskosten eher gering sind. Zudem wurde ein gemeinsamer Standard zum Datenaustausch bei Paletten geschaffen. Als besonderer Mehrwert wurde auch das Netzwerk als solches hervorgehoben, bei dem unterschiedliche Unternehmen an einem gemeinsamen Thema arbeiteten. Die Blockchain wurde dabei als besonderer Katalysator gesehen, ohne den die Entstehung des Netzwerks erheblich erschwert worden wäre. Im Betrieb verlief oftmals alles reibungslos, aber die Inbetriebnahme gestaltete sich manchmal schwierig, insbesondere bei unzuverlässigen Internetzugängen. Weiterhin muss der Speicherplatz entsprechend mitwachsen können, da bei 3600 Transaktionen pro Stunde etwa 200 Gigabyte an Daten pro Jahr anfallen. Außerdem erfordert der Betrieb einer Blockchain Plattform auch eine entsprechende Anpassung von Prozessen und Unternehmenskultur. Dabei steht die Transparenz der Blockchain im Widerspruch zu Datenschutz und Privatsphäre, da sich selbst beim Thema Palettentausch viele Unternehmen schwer mit der Weitergabe von Informationen taten. Das gezogene Fazit fällt zwar positiv aus, aber die Beteiligten waren sich darin einig, dass eine entsprechende Funktion auch ohne Blockchain realisierbar gewesen wäre. Das Argument der Vertrauensfreiheit der Blockchain trifft hier nur bedingt zu, da bereits ein gewisses Mindestmaß an Vertrauen zwischen Geschäftspartnern vorhanden sein muss, wenn diese reale Objekte miteinander tauschen. Allerdings wird der Blockchain eine Katalysatorfunktion zugeschrieben, die es schaffte bei Beteiligten Vorbehalte gegenüber der Kollaboration in einem Netzwerk abzubauen.

3.2.2   Herkunft von Lebensmitteln

Die Transparenz und ihre Widerstandsfähigkeit gegen nachträgliche Veränderungen sind Eigenschaften, die Blockchains interessant für die Nachverfolgung von Lebensmitteln machen. Eine Studie der Ernährungs- und Landwirtschaftsorganisation der Vereinten Nationen (FAO) kommt zu dem Schluss, dass mit einer Blockchain unveränderliche Verbindungen zwischen Produkt und Prozess geschlossen werden könnten [40]. So können Produkte identifiziert und ihre Herkunft, Verarbeitung und Transport gespeichert werden. Große Unternehmen und Konzerne haben bereits Möglichkeiten entsprechende Transparenz herzustellen, auch ohne eine Blockchain. Durch einen öffentlichen Blockchain Ansatz könnte es jedoch auch kleine Produzenten in die Lage versetzen die

Herkunft und Qualität ihrer Produkte zu dokumentieren. Auch Verstöße gegen entsprechende Normen wären mithilfe der Blockchain leicht nachweisbar.

Es existieren heute eine Vielzahl an Machbarkeitsstudien, Prototypen und Erprobungen für die Dokumentation der Herkunft von Lebensmitteln in der Blockchain. In einem Versuch konnte Walmart mit Hyperledger Fabric (Abschn. 2.7.3) demonstrieren, dass die Herkunft von Mangos innerhalb kurzer Zeit ermittelt werden kann. Weiterhin arbeitet ein Konsortium aus IBM, Walmart, Dole, Unilever, Nestle und anderen Unternehmen an einer Blockchain Lösung zur Identifikation von verunreinigten Lebensmitteln [43]. Die Herkunft und die Verarbeitung von australischem Getreide mit einer Blockchain zu verfolgen wird durch die Unternehmen CBH Group und AgriDigital untersucht [39]. Einen ähnlichen Ansatz verfolgt der Geflügelhersteller Grass Roots Farmers'Cooperative zusammen mit dem britischen Start-up Provenance, um die Herkunft seiner Produkte abzubilden [38]. Bumble Bee Foods startete zusammen mit SAP die Dokumentation von Thunfischprodukten aus Indonesien. Es werden Informationen zur Größe des Fisches, Ort des Fangs, Authentizität der Ware, Frische bei der Verarbeitung und das Herstellungszertifikat des Unternehmens gespeichert [44]. Viele der aufgezählten Anwendungsfälle befinden sich jedoch noch in der Erprobungsphase.

Die Beispiele zeigen ein erhöhtes Interesse von Lebensmittelherstellern an der Dokumentation ihrer Produkte in der Blockchain. Diskussionen über Nachhaltigkeit und Lebensmittelskandale erhöhen den Druck auf Hersteller die Herkunft und Verarbeitung ihrer Produkte vertrauenswürdig zu belegen. Die Blockchain soll offensichtlich dabei helfen das Vertrauen der Verbraucher zu stärken.

3.3   Location-Based Services mit Blockchain

Die Position eines Objektes zu verfolgen ist eine der populärsten Anwendungsideen für die Blockchain (Abschn. 3.2). Dies gilt insbesondere für Anwendungen in der Logistik und Supply Chain, da deren Kernaufgabe die Bewegung von Objekten über Raum innerhalb einer gewissen Zeit darstellt. Um diese Aufgabe wahrnehmen zu können, sind die Aufenthaltsort eines Objektes zu einem gewissen Zeitpunkt von großem Interesse. Um den Ort eines Objektes bestimmen zu können ist ein sogenannter Location Based Service notwendig. Das könnte beispielsweise die Bestimmung der Koordinaten einer Sendung über einen GPS Sender sein. GPS als Technologie besitzt jedoch einige Schwachstellen, denn sie stellt ein zentrales System dar, dessen Ausfall zu einem Ausfall des gesamten Location Based Services führen würde. Weiterhin können GPS Koordinaten in Gebäuden und unter der Erde oft nur schwer bestimmt werden. Außerdem benötigt GPS Energie, die gerade bei kleinen Geräten nur begrenzt vorhanden ist. Zudem ist das Protokoll unverschlüsselt und kann leicht gefälscht werden („GPS Spoofing"). Für GPS existiert kein System zur Verifikation der ermittelten Ortsdaten. Das New Yorker Start-up FOAM entwickelt Standards, Infrastruktur und Werkzeuge zur konsens-basierten, manipulationssicheren und dezentralen Bereitstellung lokaler Daten mithilfe der Blockchain Technologie [50]. Dabei stützt sich das FOAM Projekt auf drei Hauptbestandteile.

Der **Crypto Spatial Coordinate Standard (CSC)** ist ein offener Standard zur Integration von Lokalisierungsdaten in Smart Contracts (Abschn. 2.6) [46]. Bisher war kein entsprechender Standard vorhanden, der eine lokale Position in der physikalischen Welt mit der Adresse eines Smart Contracts auf der Ethereum Blockchain (Abschn. 2.7.2) verbindet. Der CSC nutzt dabei sogenannten Geohashes [51] zur Bestimmung eines Ortes. Geohashes sind keine Hashwerte im kryptografischen Sinn (Abschn. 2.2.1) sondern eine Zeichenfolge zur hierarchischen Beschreibung von Längen- und Breitengrad eines Ortes [52]. Dieser Geohash wird mit einer korrespondierenden Ethereum Adresse eines Smart Contracts zu einem Identifikator kombiniert. So können nicht nur Smart Contracts an Orte gebunden werden, sondern auch räumliche Distanzen zwischen Orten ermittelt werden. Jeder Smart Contract kann dabei die CSC ansprechen und verwenden.

Der zweite Hauptbestandteil von FOAM ist der **Spatial Index and Visualiser Webapp (SIV)**. Es handelt sich dabei um eine Benutzerschnittstelle für die oben beschriebenen CSC [48]. Es enthält einen kuratierten Index aller Smart Contracts mit Verknüpfung zu einer Position und wird im Browser dargestellt. Anhand von farbigen Punkten werden sogenannte **Points of Interest (POI)** und **Signals** dargestellt. Bei einem POI handelt es sich um einen bestimmte Orte, der von einer Person auf der FOAM Karte eingetragen und vom FOAM Netzwerk bestätigt wurde. Der Anmelder eines POI muss dabei sogenannte FOAM Tokens (Abschn. 2.4) einsetzen. Die anderen FOAM Netzwerkteilnehmer, sogenannte Kartographen, können nun den POI annehmen oder abweisen bzw. korrigieren. Viele POIs befinden Sie heute in den USA. In Deutschland verifizierte POIs sind beispielsweise das Olympiastadion Berlin oder der Hamburger Flughafen. Darüber hinaus können auch sogenannte Signals gesetzt werden. Damit kann der Bedarf eines Location-Based Services angezeigt werden. Wird am Ort des Signals nun eine, unten näher beschriebene, Zone eingerichtet, so kann der Betreiber dieser Zone einen Ertrag damit erwirtschaften.

Der dritte Hauptbestandteil von FOAM ist der **Proof of Location (PL)**. Dabei handelt es sich um den Nachweis, ob ein Agent oder ein Ereignis sich zu einem gewissen Zeitpunkt an einem bestimmten Ort aufgehalten oder zugetragen hat

[47]. Beispielweise könnte es sich um die Ankunft einer Ware in einem Lager handeln. Das FOAM Protokoll funktioniert ebenfalls über die Synchronisation von Uhren. Über eine Berechnung der Laufzeit zwischen mehreren Sendern und einem Empfänger kann mit Hilfe einer Triangulation die Position des Empfängers relativ zu den Sendern ermittelt werden. In FOAM existiert dafür das Konzept der sogenannten Zone [49]. Für eine Zone sind zwei Arten von Netzwerkknoten notwendig; Zone Anchors und Verifiers, siehe Abb. 3.2. Eine Zone muss mindestens aus vier Zone Anchors bestehen, die ihre Zeiten miteinander synchronisieren. Als Funk-Standard wird von FOAM das LoRa Protokoll aus der Familie der Long Range Wide Area Network (LPWAN) vorgeschlagen. Betritt ein Empfänger (Mobiler Beacon) nun die Zone, so können die Zone Anchors die relative Distanz anhand der Laufzeiten messen. Kombiniert man diese Laufzeiten, so können anhand einer Triangulation Position, Bewegungsrichtung und Geschwindigkeit des Beacons bestimmt werden. Ähnlich wie im Bitcoin Netzwerk (Abschn. 2.7.1) werden auch hier Blöcke abgebaut („Mining"). Dabei handelt es sich bei FOAM jedoch nicht um Transaktionen sondern um Triangulationen. Für das Erstellung von Blöcken erhalten die Zonenknoten eine Prämie. Die triangulierten Positionsdaten werden in der Blockchain der Zone abgelegt und mit der Ethereum Block-

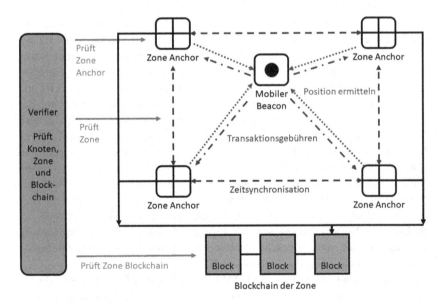

Abb. 3.2 FOAM Zone für Proof of Location

chain abgeglichen. Die Knoten einer Zone treten dabei als Validatoren dieser Blockchain auf und können auch über die Aufnahme neuer Knoten zu dieser Zone abstimmen. Ein Verifier Knoten überwacht dabei Aktivitäten und Berechnung der Knoten, der Zone und der Zonen-Blockchain. Ein Kunde kann nun einen sogenannten Presence Claim von der Zone kaufen, um nachzuweisen, dass sich ein Objekt innerhalb dieser Zone befindet. Dafür fallen Transaktionsgebühren an, die den an der Zone beteiligten Knoten gut geschrieben werden. In einem Service Level Agreement wird die Erreichbarkeit der Zone festgelegt. Durch die gesetzten Verdienstmöglichkeiten und Strafen sollen Anreize gesetzt werden, um die für Proof of Location notwendige Infrastruktur aufzubauen.

Das FOAM Projekt befindet sich zum jetzigen Zeitpunkt noch in der Entwicklungsphase, obwohl es bereits möglich ist die Karte über den Browser abzurufen und zu bearbeiten. Die Verfügbarkeit von sicheren und dezentralen Lokalisierungsinformationen erscheint jedoch vielversprechend [45] für verschiedene Anwendungsfälle:

- Mobilität und autonomes Fahren
- Nutzung und Verkauf von lokal verteilten Sensorendaten
- Auswerten von Bewegungsdaten von Verkehrsflüssen
- Nachverfolgung und Transparenz in der Supply Chain

Umfangreiche Anwendungsfälle oder Prototypen basierend auf FOAM sind allerdings noch nicht bekannt. Die weitere Entwicklung des FOAM Protokolls muss deshalb abgewartet werden.

Prototypische Anwendungsfälle 4

Zur Veranschaulichung von Blockchain Anwendungen für die Logistik und das Supply Chain Management werden nachfolgend zwei prototypische Forschungsarbeiten des Instituts für Technische Logistik vorgestellt.

4.1 Smarte Behälter zur Materialversorgung

Als Machbarkeitsstudie zur automatisierten Materialversorgung mit einer Blockchain wurde ein intelligenter Lagerbehälter entwickelt. Abb. 4.1 zeigt das Konzept, das die Informations-, Waren- und Geldflüsse eines logistischen Prozesses beinhaltet. Zwei vernetzte Sichtlagerbehälter dienen als Endpunkte des Prozesses. Dabei handelt es sich um handelsübliche Behälter, die nachträglich mit einer Waage und einem WLAN-fähigen Mikroprozessor ausgestattet wurden, Abb. 4.2. Anhand des Durchschnittsgewichts eines Teils kann der Inhalt bestimmt werden. Die Gewichtssignale der Sensoren werden verarbeitet und mithilfe eines WLAN-Senders über das Netzwerkprotokoll MQTT versendet. Sie können von einem Smart Contract als Eingabeinformation bzw. Auslöser genutzt werden. Wenn der Inhalt des Behälters den Meldebestand unterschreitet, fragt er Lieferungen bei anderen Behältern an. Wird diese Anfrage von einem anderen Behälter angenommen, so wird das Geschäft über die Lieferung geschlossen. Bei Entnahme der Teile wird der Bestand des liefernden Behälters korrigiert. Der Erhalt der Lieferung wird vom empfangenden Behälter ebenfalls über eine Gewichtserhöhung registriert. Stimmt diese mit der erwarteten Bestellung überein, so wird eine Zahlung an den liefernden Behälter ausgelöst. Dies ermöglicht es den Behältern, Waren autonom zu bestellen und zu bezahlen. Alle Informationen zu Bestellung, Lieferung und Zahlung werden in der Blockchain gespeichert.

© Springer Fachmedien Wiesbaden GmbH, ein Teil von Springer Nature 2019   37
J. Hinckeldeyn, *Blockchain-Technologie in der Supply Chain,* essentials,
https://doi.org/10.1007/978-3-658-26440-6_4

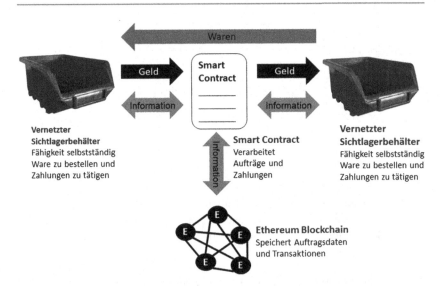

Abb. 4.1 Konzept zur Integration eines vernetzten Lagerbehälters in eine Blockchain Anwendung

Üblicher Sichtlagerbehälter
Ausgestattet mit Mikroprozessor
und WLAN-Modul zur Messung und
Übertragung von Informationen

Gewichtssensoren
Verwendet Dehnungsmessstreifen und
einen Arduino MKR 1000 Microcontroller

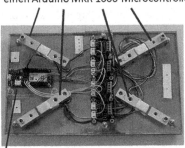

Arduino MKR 100 Microcontroller zur
Informationsverarbeitung und Datenübertragung
Verarbeitung der Gewichtsdaten
WLAN Übertragung per MQTT Protokoll
(Verwendung eines Ethereum Light Client)
>> Raspberry Pi (nicht dargestellt)

Abb. 4.2 Prototyp eines vernetzten Lagerbehälters für eine Blockchain Anwendung

Die Architektur der Blockchain-Anwendung wird in Abb. 4.3 als UML-Diagramm dargestellt. Die Verarbeitung der Gewichtsinformation findet direkt am Behälter statt. Anschließend werden die aggregierten Daten per MQTT übertragen. Zulieferer haben die Möglichkeit, Bestellanfragen mehrerer Behälter zu abonnieren. Die Informationen werden über einen zentralen MQTT Broker in das Lieferanten-Backend eingespeist. Die Kommunikation findet bis zu diesem Punkt außerhalb der Blockchain („off chain") statt. Sobald eine Bestellung angenommen wurde, werden diese Informationen an den Smart Contract auf der Ethereum übermittelt (Abschn. 2.7.2). Der Zugang dazu führt über einen Ethereum Blockchain Knoten. Aufgrund der geringeren Speicher- und Prozessoranforderungen wurde hier für jeden Behälter ein Ethereum Light Client genutzt. Allerdings erwies sich der Arduino MKR 1000 als nicht ausreichend ausgestattet. Deshalb wurden die Behälter noch zusätzlich mit einem Kleincomputer Raspberry Pi 3 ausgestattet. Das eingerichtete Testnetz wurde manuell auf virtuellen Servern eingerichtet, getrennt vom Internet. Der Smart Contract (Abschn. 2.6) erhält Informationen über 1) die Annahme einer Bestellung, 2) den geplanten Liefertermin, 3) die Bestellmenge der Ware und 4) den Empfänger der Ware. Diese Daten werden als Transaktionen in der Blockchain abgelegt („on chain"). Der Empfang der Ware wird ebenfalls in der Blockchain protokolliert. Die Zahlung wird ausgelöst, wenn der Empfang einer Bestellung in den Gewichtsdaten des bestellenden Behälters erkannt wird.

Die Bezahlung der Bestellung erfolgt über die Multi-Signatur-Funktion des Ethereum Mist Wallets (Abschn. 2.5). Der Quellcode des Wallet wird als Smart Contract in der Blockchain abgelegt. Sobald der kaufende Behälter die Lieferung der bestellten Waren erhalten hat, sendet er Geld an das Multi-Signature Wallet. Im Konzept dieses Prototypen nehmen drei Parteien am Wallet teil; der Kaufbehälter, der Verkaufsbehälter und ein sogenannter Treuhänder bzw. Intermediär. Das Geld für die Zahlung wird freigegeben, wenn mindestens zwei der drei Teilnehmer der Zahlung zustimmen. Die Aufgabe des Intermediärs besteht darin, die Lieferung zu beobachten und bei Problemen, wie z. B. Qualitätsunterschieden, zu vermitteln. Dieses Multi-Signatur Wallet bildet den Smart Contract Prototyp der vorgestellten Blockchain Anwendung.

4.2   Seefracht Container Asset Management

Ein weiteres Beispiel für eine Blockchain Anwendung in der Logistik kommt aus dem Bereich des Container Asset Managements. Dabei handelt es sich um die Abbildung der Eigentums- und Nutzungsvorgänge im Lebenszyklus eines

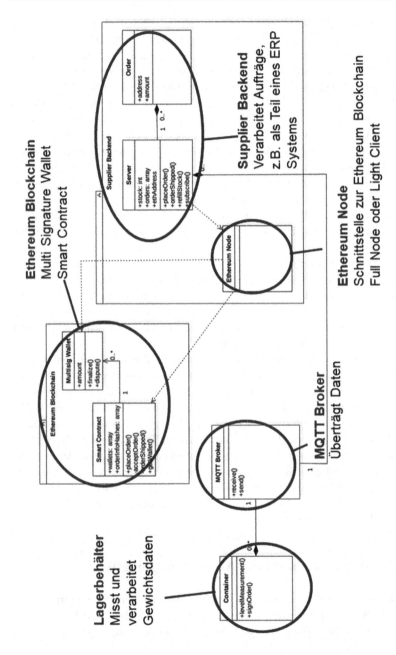

Abb. 4.3 Architektur der prototypischen Blockchain Anwendung für die Materialversorgung

Seefrachtcontainers. Weltweit werden diese standardisierten Container für den Transport von Waren, hauptsächlich auf dem Schiff, aber auch mit der Eisenbahn und dem Lastwagen eingesetzt. Dabei können sich der Besitzer und der Eigentümer des Containers im Prozessverlauf wiederholt ändern. Ein Container wird wiederholt verkauft, verleast oder verliehen. Darüber hinaus müssen Container instandgesetzt oder verschrottet werden. Ein wichtiger Baustein im Lebenszyklus eines Containers ist die Lokalisierung und Bestandsaufnahme dieser Transportmittel. Heute geschieht dies per „Container Status Services" der Terminalbetreiber oder durch die Nachverfolgung des Schiffs, auf das der Container geladen wurde. Da an diesem Prozess viele Parteien beteiligt sind, soll hier ein Smart Contract genutzt werden. Dies hat verschiedene Vorteile:

- Transparenz von Containerposition und -zustand.
- Klarheit über Eigentums- und Besitzstandsverhältnisse.
- Möglichkeit der Nachverfolgung von Schäden und Reparaturen.
- Automatische Abwicklung von Zahlungen für Miete und Kauf von Containern, sowie Offenlegung des Zahlungsverhaltens der Teilnehmer.

Für die Entwicklung des Smart Contracts wurde das Lebenszyklus-Modell eines Containers verwendet, siehe Abb. 4.4.

Das erarbeitete Prozessmodell wurde als Prototyp auf einer privaten Instanz der Ethereum Blockchain (Abschn. 2.7.2) mit zwei Knoten implementiert, Abb. 4.5. Dieses Testnetzwerk entspricht zwar in Bezug auf Umfang, Latenz und Rechengeschwindigkeit nicht einer realen Blockchain, ist für den funktionellen Test des Prototypen jedoch ausreichend. Die registrierten Teilnehmer des Blockchain Netzwerkes nutzen das Ethereum-Wallet. Als Benutzeroberfläche wurde ein HTML Frontend entwickelt, welches aktuelle Informationen zu Transaktionen

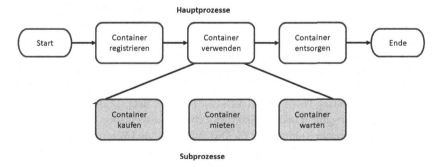

Abb. 4.4 Konzeptionelles Prozessmodell des Lebenszyklus eines Seefrachtcontainers

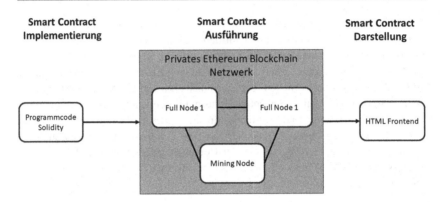

Abb. 4.5 Konzept eines Smart Contracts für das Management von Seefracht-Containern

und Zustand des Smart Contracts ausgibt. Der Prototyp in der vorliegenden Form berücksichtigt nur manuell eingegebene Ortsinformationen. Eine automatische Erfassung, z. B. über GPS, ist aber problemlos möglich. Damit kann jede Position einem bestimmten Prozessschritt zugeordnet werden. Darüber hinaus können noch weitere Daten sensorisch erfasst werden, wie z. B. Temperatur.

Das Prozessmodell des Container Lebenszyklus wird in der Architektur der Anwendung abgebildet, siehe Abb. 4.6. Jedes Unternehmen kann sich als Teilnehmer des Blockchain Netzwerkes registrieren und dabei eine oder mehrere von drei Rollen einnehmen:

- Produzenten von Containern können als einzige Teilnehmer des Netzwerkes neue Container registrieren und bei der Herstellung eine Identifikationsnummer vergeben. Anschließend wird der Container angeboten und verkauft.
- Käufer und Verkäufer von Containern umfassen eine größere Gruppe von Nutzern. Dazu zählen sowohl die Nutzer der Container, aber auch Leasingunternehmen und Zwischenhändler. Jeder dieser Teilnehmer kann Miet- bzw. Kaufpreise festlegen, aber auch selbst kaufen oder mieten Dies führt dazu, dass es sogenannte Primary Owner und sogenannte Secondary Owner geben kann. Der Primary Owner entspricht dabei dem gesetzlichen Eigentümer des Containers. Im Falle einer Vermietung geht jedoch der Einfluss über den Gegenstand an den Secondary Owner, gesetzlich den Besitzer, über. Darüber hinaus kann der Container genutzt und am Ende des Lebenszyklus entsorgt werden.
- Reparatur-Dienstleister sind für die Instandsetzung und Wartung der Container zuständig. Er nimmt die benötigte Servicedienstleistung vor und speichert dies

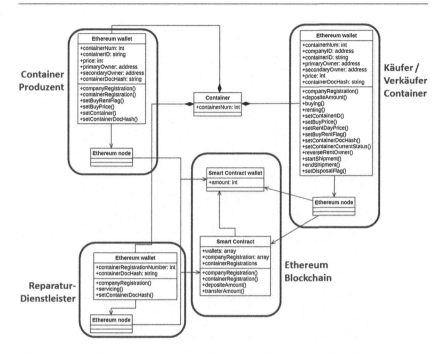

Abb. 4.6 Architektur der prototypen Blockchain Anwendung für Container Asset Management

in der Historie des Containers ab, sodass Schäden und Reparaturen nachverfolgt werden können.

Jeder Container erhält bei seiner Herstellung einen Datensatz, welcher im Verlauf des Produktlebenszyklus weiter gepflegt und geändert wird. Dazu zählen Stammdaten, wie die Identifikationsnummer oder der Hersteller des Containers, aber auch Bewegungsdaten, wie Aufenthaltsorte, Transporte oder Reparaturen. Da das Abspeichern ganzer Dokumente in der Blockchain teuer und teilweise schwer kalkulierbar ist, wird in diesem Prototyp nicht der gesamte Datensatz eines Containers in der Blockchain abgelegt, sondern nur dessen Hashwert (Abschn. 2.2.1). So kann jeder Teilnehmer die Echtheit eines erhaltenen Datensatzes selbst überprüfen.

Der Smart Contract wurde testweise in Ethereum implementiert. Einige Merkmale der Anwendung, z. B. die Registrierung neuer Teilnehmer oder unterschiedliche Rechte zum Verändern von Daten, sind Merkmale privater Blockchains und könnten auch mit Hyperledger Fabric abgebildet werden (Abschn. 2.7.3).

Bewertung und Schlussfolgerungen 5

Der Hype um den Bitcoin (Abschn. 2.7.1) und andere Kryptowährungen hat der Blockchain enorme Aufmerksamkeit verschafft. Gleichzeitig stiegen aber auch die Erwartungen. Manche Projekte vermittelten den Eindruck, Blockchain wäre die Lösungen vieler Probleme und müsste nur noch implementiert werden. Ein solcher Eindruck muss zum jetzigen Zeitpunkt enttäuschen, da die Blockchain Technologie noch erhebliche Schwächen aufweist. Werden diese künftig behoben, so verfügt die Blockchain Technologie über das Potenzial zur Veränderung der Supply Chain und Logistik.

5.1 Kritische Einordnung der Blockchain Technologie

Die Blockchain Technologie ist eine Technologie in einem frühen Entwicklungsstadium und basiert auf dem Gedanken der mehr oder weniger dezentralen Organisation eines Netzwerkes über das Internet. Das bedeutet jedoch, dass Marktteilnehmer ohne oder mit einem unzureichenden Internetzugang nicht an dem Netzwerk teilnehmen können. In einer Studie zum Einsatz von Blockchains für die Nachverfolgung von Nahrungsmittel wird das jährliche Wachstum der Blockchain auf 155 GB geschätzt [41]. Diese vollständigen Daten müssten dann auch von neuen Teilnehmern anfangs komplett aus dem Internet heruntergeladen werden. Die Blockchain setzt also einen leistungsfähigen Internetanschluss voraus.

Blockchains mit dem Proof-of-Work Konsensalgorithmus (Abschn. 2.3.2) haben ein Skalierbarkeits- und Energieverbrauchsproblem. Die Entwicklung weiterer Konsensalgorithmen wird zwar momentan vorangetrieben, ist aber noch nicht umfassend implementiert. In nicht-öffentlichen Blockchains sind bereits

© Springer Fachmedien Wiesbaden GmbH, ein Teil von Springer Nature 2019
J. Hinckeldeyn, *Blockchain-Technologie in der Supply Chain,* essentials,
https://doi.org/10.1007/978-3-658-26440-6_5

andere Algorithmen vorhanden, die mehr Durchsatz und weniger Energieverbrauch ermöglichen.

Weiterhin muss ein systematisches Datenmanagement in der Blockchain sichergestellt sein. Ziel der Blockchain ist eine lückenlose, schwer manipulierbare Datenablage. Sind die Daten darin fehlerhaft, so können diese in der Blockchain nicht verändert oder korrigiert werden. Zudem können gerade im geschäftlichen Umfeld auch größere Mengen an Daten anfallen, die manche Blockchains, wie z. B. Ethereum, vor Probleme stellen können. In nicht-öffentlichen Blockchains, wie z. B. Hyperledger Fabric, sind entsprechende Datenmengen leichter zu handhaben.

Die Unveränderbarkeit von Daten führt auch zu rechtlichen Problemen, insbesondere beim Schutz persönlicher Daten. Nach der Datenschutzgrundverordnung (DGSVO) müssen Daten auf Anfrage lösch- und korrigierbar sein. Da dies bei Blockchains nur sehr schwierig möglich ist, müssen Datenschutz-konforme Lösungen gefunden werden.

Ein weiteres Problem ist die Interoperabilität verschiedener Blockchains. Da Unternehmen oftmals Teil mehr als einer Supply Chain sind, wäre es denkbar in mehreren Blockchain-Netzwerken aktiv zu sein. In diesem Fall wären Daten in einem Blockchain-Netzwerk nicht problemlos in ein anderes Blockchain-Netzwerk übertragbar. Bisher fehlen Standards und Schnittstellen um unterschiedliche Blockchains miteinander zu koppeln.

Die Blockchain Technologie muss verstanden werden, um als Vertrauensquelle dienen zu können. Sie wird als Meta-Technologie bezeichnet, die sich aus verschiedenen Technologien zusammensetzt. Das Zusammenspiel dieser einzelnen Technologien ist komplex und ohne informationstechnische Vorkenntnis nicht leicht zu verstehen [42]. Dementsprechend wichtig sind Ausbildung und Aufklärung. Nur wer die Blockchain Technologie und ihre Einschränkungen versteht, kann ihr auch angemessen vertrauen.

Ein breites Verständnis der Blockchain Technologie ist auch wichtig, um den notwendigen Netzwerkeffekt zu erzeugen. Blockchain Netzwerke erzeugen dann Mehrwert, wenn sie sich auf eine große Teilnehmerzahl stützen können. Dies gestaltet sich jedoch nicht einfach. Eine Studie zu Anwendungen bei öffentlichen Blockchains zeigte, dass drei Viertel aller Projekte Probleme damit haben neue Nutzer zu finden [53]. Für Unternehmensanwendungen erfordert ein Blockchain Netzwerk ein hohes Maß an Zusammenarbeit zwischen Unternehmen und die Weitergabe von Daten und Informationen. Nicht jedes Unternehmen ist zu so viel Transparenz bereit. Zudem bestehen nicht-öffentliche Blockchain Netzwerke oftmals nur aus wenigen Teilnehmern. Transparenz innerhalb dieses Netzwerkes erfordert dann zumindest ein gewisses Grundvertrauen gegenüber den anderen Beteiligten. Damit wird die Idee der Vertrauenslosigkeit der Blockchain in gewisser Weise überflüssig und es stellt sich die Frage, ob nicht eine übliche Datenbank eine bessere Lösung darstellt. Die Blockchain muss für einen Anwendungsfall sinnvoll sein. Andere Datenstrukturen ohne eingebaute Vertrauensschicht verfügen ebenfalls über Vorteile. Gerade wenn Unternehmenskonsortien kooperieren, stellt sich die Frage nach der Notwendigkeit einer Blockchain. Diese soll Vertrauen schaffen, allerdings ist ein gewisses Mindestmaß an Vertrauen für eine Kooperation notwendig. Wäre dies nicht vorhanden, so würde ein neuer Teilnehmer gar keinen Zutritt zu diesem Konsortium erhalten. Wenn jedoch die Vertrauensbildung durch die Blockchain nicht mehr notwendig ist, dann stellt sich die Frage warum man Nachteile, wie beschränkte Skalierbarkeit, überhaupt in Kauf nehmen sollte. In solchen Fällen bieten sich übliche, zentrale oder dezentrale Datenbanken als bessere Alternative an.

5.2 Potenzielle Anwendungsbereiche der Blockchain Technologie in der Supply Chain

Trotz aller Kritik an der Blockchain Technologien existieren realistische Anwendungsfälle im Bereich der Supply Chain. Neben den momentan noch vorhandenen Schwächen besitzt die Blockchain auch einige wichtige Stärken. Der Einsatz einer Blockchain lohnt sich dann, wenn ein erhöhtes Maß an Vertrauen zwischen mehreren Akteuren benötigt wird [54]. Die Widerstandsfähigkeit gegenüber Manipulation kann Vertrauen bilden, sichern oder zurückgewinnen. Ein gutes Beispiel für eine vertrauensbildende Anwendung in der Supply Chain ist die Nachverfolgung von Lebensmitteln (Abschn. 3.2.2). Die Lebensmittelindustrie bemüht sich seit einigen Jahren um mehr Transparenz und Kundenvertrauen. Wenn Kunden einer Blockchain-Lösung mehr Vertrauen entgegenbringen, so könnte die Technologie einen Mehrwert für Unternehmen darstellen. Ein ähnlicher Fall ist der Verzicht auf illegal abgebaute Elemente, wie z. B. sogenannte Blut-Diamanten. Eine Blockchain könnte die Herkunft und Verarbeitung dokumentieren. Sie benötigt jedoch ein aufgeklärtes Vertrauen von Kunden in die Blockchain.

Anwendungsfälle wie Nachverfolgbarkeit und Transparenz hängen von der Akzeptanz der Blockchain als Vertrauensquelle ab. Dies gilt für Endkonsumenten, genauso wie für Unternehmen und Behörden. Der Vorschlag nach einer vereinfachten Zollabwicklung bei internationalen Lieferungen wird immer wieder genannt, auch im Zusammenhang mit der Tradelens Plattform (Abschn. 3.1). Würde die Blockchain Technologie von Behörden und Unternehmen als

Vertrauensquelle akzeptiert, so sind im internationalen Warenaustausch vermutlich erhebliche Verbesserungspotenziale realisierbar [42]. Die Block-chain Technologie könnte so zum Katalysator für eine bessere Digitalisierung und Automatisierung von Geschäftsprozessen werden. Dies gilt selbst für Fälle, in denen nicht unbedingt eine Blockchain notwendig ist. Denn die Aufmerksam-keit, die diese Technologie momentan erfährt, kann zum Anstoß werden sich einem bestehenden Netzwerk anzuschließen und Informationen offener und trans-parenter zur Verfügung zu stellen. Dies automatisiert und beschleunigt Prozesse. Zu ähnlichen Ergebnissen kam das Projekt der GS1 zum Thema Palettentausch (Abschn. 3.2.1). Vermutlich werden allerdings bestimmte Produkte und Unter-nehmen Vorreiter in der Anwendung der Blockchain sein. Das größte Potenzial wird bei Nischenprodukten gesehen [41], wie z. B. Luxusartikel. Eine trans-parente Supply Chain stellt bei solchen Produkten einen Mehrwert dar, der auch von Kunden entsprechend honoriert wird.

Weitere Anwendungen sind immer da zu erwarten, wo Intermediäre ohne zusätzliche Wertschöpfung eliminiert werden können. Dies könnte im Bereich von Zollanmeldungen der Fall sein. Allerdings werden voraussichtlich durch die Blockchain auch neue Intermediäre entstehen, wie dies beispielhaft im Forschungsprojekt zum vernetzten Behälter gezeigt wird (Abschn. 4.1). Grund-sätzlich ist nicht davon auszugehen, dass durch die Blockchain Technologie alle Intermediäre ersetzt werden.

Ein sehr weites Anwendungsgebiet stellen Smart Contracts dar. Die Idee der vertrauensvollen, dezentralen Ausführung von Software erscheint für viele Geschäftsprozesse reizvoll; sowohl in der Supply Chain als auch für andere Unternehmensfunktionen. Sie erlauben die weitere Automatisierung von Ent-scheidungen und Abläufen im Unternehmen, aber auch in ganzen Supply Chain Netzwerken. Der Fülle an Anwendungsideen sind dabei keine Grenzen gesetzt. Vermutlich wird die Einführung von Smart Contracts zunächst klein in gewissen Nischen beginnen und sich bei Erfolg in der Breite fortsetzen.

5.3   Entwicklungstrajektorien der Blockchain Technologie

Etwas mehr als 10 Jahre sind seit der Veröffentlichung des Bitcoin Whitepapers vergangen [1]. Seitdem hat sich die Blockchain Technologie erheblich weiter entwickelt und einen kaum zu erwartenden Hype ausgelöst. Dies geht mittler-weile so weit, dass die Blockchain mit der Erfindung und Einführung des Inter-nets gleich gesetzt wird. Selbst wenn dieser Vergleich zutrifft, befindet sich die

Blockchain noch weit am Anfang ihrer Entwicklung. Entsprechend dem frühen Internet sind noch viele kleine Entwicklungsschritte notwendig, um die Technologie in der Breite nutzbar zu machen. Manchen Studien gehen von bis zu 30 Jahren für eine erfolgreiche Anwendung der Blockchain in der Breite aus [54]. Ein abschließender Blick auf die Blockchain Technologie zeigt die notwendigen Entwicklungsschritte.

Im Fokus stehen momentan vor allem technische Herausforderungen. Zu diesen gehören die bereits angesprochene bessere Skalierbarkeit und der enorme Energieverbrauch von Proof of Work Konsensalgorithmen (Abschn. 2.3.2). Verschiedene Projekte arbeiten bereits an Lösungen für diese Probleme. Ein weiteres technisches Thema ist die Interoperabilität von Blockchains. Da mittlerweile verschiedene, unterschiedliche Blockchain Varianten existieren, müssen Lösungen gefunden werden um den Einschluss von Nutzern auf einer Plattform zu verhindern. Hilfreich bei diesen technischen Herausforderungen ist sicherlich Blockchains in einem Open Source Ansatz weiterzuentwickeln.

Ein weiteres Entwicklungsfeld der Blockchain Technologie sind die rechtliche Regulierung und gesellschaftliche Akzeptanz der Blockchain. Wie oben dargestellt ist Akzeptanz als Quelle des Vertrauens von großer Bedeutung für den Erfolg der Blockchain. Dazu müssen rechtliche Rahmbedingungen für Smart Contracts (Abschn. 2.6) und Tokens (Abschn. 2.4) geschaffen werden. Außerdem muss die Blockchain Community Aufklärung für ihre Technologie betreiben und so die Gesellschaft von den Fähigkeiten und Vorteilen der Blockchain überzeugen. Hier muss die fein abgestimmte, aber komplexe Architektur der Blockchain benutzerfreundlicher gestaltet und zielgruppengerecht kommuniziert werden. Die Bedeutung eines Netzwerkes steigt mit der Anzahl der Nutzer. Dies ist jedoch nur zu erwarten, wenn die Technologie auch nutzerfreundlich und verständlich transportiert und rechtlich geregelt wird.

Besonders wichtig ist auch die Entwicklung von tragfähigen und sinnvollen Blockchain Anwendungen. Dies gilt sowohl für die Supply Chain als auch für alle anderen Anwendungsbereiche. Die Bitcoin Blockchain wurde für das sichere, weltweite Übertragen von virtuellen Werten ohne Mittelsmänner konzipiert und diese Funktion wird sehr gut erfüllt. Darüber hinaus existieren bisher nur sehr wenige Anwendungen mit wirklich nachgewiesenem Mehrwert. Viele Ideen und Projekte wurden dazu in den letzten Jahren gestartet. Die Mehrheit dieser Projekte wird vermutlich nicht den erwarteten Effekt zeigen und wieder eingestellt. Es können jedoch auch Erfolge erwartet werden, die im Optimalfall eine sogenannte Killer-Applikation beinhalten. Eine solche Idee würde die Entwicklung der Blockchain positiv beschleunigen.

Grundsätzlich sollte der Blockchain Technologie mehr Geduld zugebilligt werden. Sie als bloßen Hype abzutun, wird der Entwicklung nicht gerecht und bedroht die erstaunlichen Entwicklungen der letzten Jahre. Zumindest führt die Aufregung um Bitcoin, Ethereum und Hyperledger dazu, dass Unternehmen ihre zentralen und dezentralen Datenbanken überdenken und verbessern. Wenn der Blockchain Technologie Zeit und Geld für eine weitere, kontinuierliche Entwicklung gegeben werden, dann besteht zumindest die Chance auf einen weiteren Durchbruch. Wie weit ein solcher Durchbruch von der ursprünglichen Bitcoin Blockchain entfernt liegt, bleibt abzuwarten. In jedem Fall benötigt die Blockchain Technologie mehr Zeit um sich technisch und gesellschaftlich zu einem Erfolg entwickeln zu können.

Was Sie aus diesem *essential* mitnehmen können

- Grundsätzliches Verständnis der Blockchain Technologie.
- Die Blockchain ist eine junge Technologie am Anfang ihrer Entwicklung.
- Blockchain bietet eine Reihe von Anwendungsmöglichkeiten in der Supply Chain.
- Es existieren noch viele Hürden bis zur breiten Anwendung von Blockchains.
- Der künftige Erfolg der Blockchain hängt von der Akzeptanz der Technologie durch die Nutzer ab.

© Springer Fachmedien Wiesbaden GmbH, ein Teil von Springer Nature 2019
J. Hinckeldeyn, *Blockchain-Technologie in der Supply Chain,* essentials,
https://doi.org/10.1007/978-3-658-26440-6

Literatur

1. Nakamoto, Satoshi. 2008. Bitcoin: A peer-to-peer electronic cash system. https://bitcoin.org/bitcoin.pdf.
2. Nathaniel, Popper. 2016. *Digital gold. The untold story of Bitcoin.* London: Penguin Technology.
3. Ethereum Foundation. 2018. A next-generation smart contract and decentralized application platform. https://github.com/ethereum/wiki/wiki/White-Paper. Zugegriffen: 30. Dez. 2018.
4. EOS. 2018. The most powerful infrastructure for decentralized applications. https://eos.io/. Zuletzt aktualisiert am 22.11.2018, Zuletzt geprüft am 30.12.2018.
5. Hermes Germany GmbH. 2018. Kollaboration in der Supply Chain. http://bit.ly/hermes-barometer-9. Zugegriffen: 31. Dez. 2018.
6. Brandt, Jan Christopher, Andreas Hoffknecht, und Christopher Krug. 2018. Blockchain Technologie: Anwendungsfelder und limitierende Faktoren. In *Blockchain – Eine Technologie mit disruptivem Charakter*, Hrsg. VDI Technologiezentrum, 11–14. Düsseldorf: VDI publishing house.
7. Schlatt, Vincent, Andre Schweizer, Nils Urbach, und Gilbert Fridgen. 2016. Blockchain: Grundlagen, Anwendungen und Potenziale. Whitepaper. Projektgruppe Wirtschaftsinformatik des Fraunhofer-Instituts für Angewandte Informationstechnik FIT.
8. Nascimento, Susana, Alexandre Pólvora, und Joana Sousa Lourenço. 2018. *#Blockchain4EU. Blockchain for industrial transformations.* Luxembourg: Publications Office (EUR, Scientific and technical research series, 29215).
9. Carson, Brant, Giulio Romanelli, Patricia Walsh, und Ashkat Zhumanev. 2018. *Blockchain beyond the hype. What is the strategic business value.* McKinsey: New York.
10. Boyle, Brandon, Alexander Brenner, Sebastian Steger, Stephan Janssen, und Mathieu Rasamoela. 2018. *The blockchain bandwagon. Is it time for automotive companies to start investing seriously in blockchain?* München: Roland Berger GmbH.
11. Herwljer, Celine, Dominic Waughray, und Sheila Warren. 2018. *Building bock(chain)s for a better planet.* World Economic Forum.
12. Hackius, Nils, und Moritz Petersen. 2017. Blockchain in logistics und supply chain: Trick or treat? In *Digitalization in supply chain management and logistics. Hamburg International Conference of Logistics*, Hrsg. Wolfgang Kersten, Thorsten Blecker, und Christian Ringle, 3–18. Hamburg: epubli.

© Springer Fachmedien Wiesbaden GmbH, ein Teil von Springer Nature 2019   53
J. Hinckeldeyn, *Blockchain-Technologie in der Supply Chain,* essentials,
https://doi.org/10.1007/978-3-658-26440-6

13. Narayanan, Arvind, und Jeremy Clark. 2017. Bitcoin's academic pedigree. *Communications of the ACM* 60 (12): 36–45.

14. Rauchs, Michel, Andrew Glidden, Brian Gordon, Gian Pieters, Martino Recanatini, Rostand, Francois et al. 2018. *Distributed ledger technology. A conceptual framework.* Cambridge Center for Alternative Finance, University of Cambridge.

15. Drescher, Daniel. 2017. *Blockchain basics. A non-technical introduction in 25 steps.* Berkeley: Apress.

16. Wang, Licheng, Xiaoying Shen, Jing Li, Jun Shao, und Yixian Yang. 2018. Cryptographic primitives in blockchains. *Journal of Network and Computer Applications.* https://doi.org/10.1016/j.jnca.2018.11.003.

17. Beutelspacher, Albrecht, Jörg Schwenk, und Klaus-Dieter Wolfenstetter. 2015. *Moderne Verfahren der Kryptographie. Von RSA zu Zero-Knowledge*, 8. Aufl. Berlin: Vieweg + Teubner.

18. Diffie, Whitfield, und Martin Hellman. 1976. New directions in cryptography. *IEEE Transactions on Information Theory* 22 (6): 644–654. https://doi.org/10.1109/TIT.1976.1055638.

19. Merkle, Ralph C. 1988. A digital signature based on a conventional encryption function. In *Advances in cryptology – CRYPTO '87. Proceedings*, Hrsg. Carl Pomerance, Bd. 293, 369–378. Berlin: Springer (Advances in cryptology, 7.1987).

20. Li, Jingming, Nianping Li, Jinqing Peng, Haijiao Cui, und Zhibin Wu. 2019. Energy consumption of cryptocurrency mining. A study of electricity consumption in mining cryptocurrencies. *Energy* 168: 160–168. https://doi.org/10.1016/j.energy.2018.11.046.

21. https://lisk.io/.

22. Castro, Miguel, und Barbara Liskov. 1999. Practical Byzantine Fault Tolerance. In *Proceedings of the third symposium on operating systems design and implementation. ACM special interest group on operating systems*, Hrsg. Margo Seltzer, 173–186. Berkeley: USENIX Association.

23. Szabo, Nick. 1997. Formalizing and securing relationships on public networks. *First Monday 2* (9). https://doi.org/10.5210/fm.v2i9.548.

24. Kaulartz, Markus, und Jörn Heckmann. 2016. Smart Contracts – Anwendungen der Blockchain-Technologie. *Computer und Recht* 32 (9). https://doi.org/10.9785/cr-2016-0923.

25. Walch, Angela. 2019. Call blockchain developers what they are: Fiduciaries. American Banker (Hrsg.). https://www.americanbanker.com/opinion/call-blockchain-developers-what-they-are-fiduciaries. Zugegriffen: 1. März 2019.

26. Ethereum Foundation. 2018. Ethereum Development Tutorial. https://github.com/ethereum/wiki/wiki/Ethereum-Development-Tutorial#fine-points-to-keep-track-of. Zugegriffen: 10. Febr. 2019.

27. https://www.hyperledger.org/.

28. Pandey, Rudramani. 2019. Hyperledger fabric on SAP cloud platform I SAP blogs. https://blogs.sap.com/2019/01/10/hyperledger-fabric-on-sap-cloud-platform/. Zugegriffen: 16. Febr. 2019.

29. Recuero, Ramon. 2019. A new wave of applications. https://blog.zeppelinos.org/a-new-wave-of-applications/. Zuletzt aktualisiert am 11. Febr. 2019, Zuletzt geprüft am 13. Febr. 2019.

30. https://www.hyperledger.org/projects/sawtooth.

31. Schiener, Dominik. 2017. A primer on IOTA. https://blog.iota.org/a-primer-on-iota-with-presentation-e0a6eb2cc621. Zugegriffen: 18. Febr. 2019.

32. https://tezos.com/.
33. Cecchi, David, Shawn Amundson, Dan Middleton. 2018. Hyperledger Grid. White Paper. Hg. v. Hyperledger. Hyperledger.
34. Maersk. 2018. Maersk and IBM to form joint venture applying blockchain to improve global trade and digitize supply chains. https://www.maersk.com/press/press-release-archive/maersk-and-ibm-to-form-joint-venture. Zugegriffen: 17. Jan. 2018.
35. White, Mike, und Marvin Erdly. 2019. Shipping in the age of blockchain. Video. https://www.youtube.com/watch?v=Xwqo_fwPEJo.
36. Allison, Ian. 2018. IBM and Maersk struggle to sign partners to shipping blockchain – CoinDesk. https://www.coindesk.com/ibm-blockchain-maersk-shipping-struggling/. Zuletzt aktualisiert am 28. Okt. 2018, Zuletzt geprüft am 28. Okt. 2018.
37. GS1 Innovation. 2018. Was kann Blockchain wirklich? GS1 Germany. https://www.gs1-germany.de/service/datei-download/?tx_gs1base%5Baction%5D=initDownload&tx_gs1base%5Buid%5D=84794&tx_gs1base%5Bfilename%5D=was_kann_blockchain_wirklich.pdf&tx_gs1base%5Bsource%5D=fal. Zugegriffen: 2. März 2019.
38. Zhao, Wolfie. 2017. Arkansas farming cooperative trials blockchain to track chicken shipments – CoinDesk. https://www.coindesk.com/arkansas-farming-cooperative-trials-blockchain-track-chicken-shipments/?. Zuletzt aktualisiert am 3. Aug. 2017, Zuletzt geprüft am 5. Aug. 2017.
39. Zhao, Wolfie. 2017. Australia's biggest grain exporter trials blockchain tracking system – CoinDesk. https://www.coindesk.com/australias-biggest-grain-exporter-trials-blockchain-tracking-system/?. Zuletzt aktualisiert am 4. Aug. 2017, Zuletzt geprüft am 5. Aug. 2017.
40. Tripoli, Mischa, und Josef Schmidhuber. 2018. *Emerging opportunities for the application of blockchain in the agri-food industry.* Food and Agriculture Organization of the United Nations, International Centre for Trade and Sustainable Development.
41. Pearson, Simon, David May, Georgios Leontidis, Mark Swainson, Steve Brewer, Luc Bidaut, et al. 2019. Are distributed ledger technologies the panacea for food traceability? *Global Food Security* 20:145–149. https://doi.org/10.1016/j.gfs.2019.02.002.
42. Wang, Yingli, Meita Singgih, Jingyao Wang, und Mihaela Rit. 2019. Making sense of blockchain technology: How will it transform supply chains? *International Journal of Production Economics* 211:221–236. https://doi.org/10.1016/j.ijpe.2019.02.002.
43. Del Castillo, Michael. 2017. Walmart, Kroger & Nestle Team with IBM blockchain to fight food poisoning. https://www.coindesk.com/walmart-kroger-nestle-team-with-ibm-blockchain-to-fight-food-poisoning/. Zugegriffen: 25. Aug. 2017.
44. Partz, Helen. 2019. North American seafood firm to use blockchain tech in supply chain. https://cointelegraph.com/news/north-american-seafood-firm-to-use-blockchain-tech-in-supply-chain/amp. Zugegriffen: 9. März 2019.
45. Baer, Arthur Röing. 2018. The future with foam. Exploring potential use-cases enabled by the three elements of foam. https://blog.foam.space/the-future-with-foam-45f9ce46b890. Zugegriffen: 17. März 2019.
46. Josefsson, Kristoffer. 2017. Crypto-spatial coordinates – The open location standard on Ethereum. https://blog.foam.space/crypto-spatial-coordinates-fe0527816506. Zugegriffen: 15. März 2019.

47. King, Ryan John. 2018. Introduction to proof of location. The case for alternative location systems. https://blog.foam.space/introduction-to-proof-of-location-6b4c77928022. Zugegriffen: 17. März 2019.

48. King, Ryan John. 2018. The spatial index. A general purpose visual blockchain explorer. https://blog.foam.space/the-spatial-index-9793f42c46c8. Zugegriffen: 17. März 2019.

49. King, Ryan John. 2019. The anatomy of a zone. https://blog.foam.space/the-anatomy-of-a-zone-e8abc4ceca85. Zugegriffen: 17. März 2019.

50. Foamspace. 2018. FOAM WhitePaper. Hg. v. Foamspace Corporation. New York.

51. http://geohash.org/.

52. Fox, Anthony, Chris Eichelberger, James Hughes, Skylar Lyon. 2013. Spatio-temporal indexing in non-relational distributed databases. In *IEEE International Conference on Big Data, 2013. 6–9 Oct. 2013, Silicon Valley, California, USA; proceedings. 2013 IEEE International Conference on Big Data. Silicon Valley, CA, USA, 10/6/2013–10/9/2013. IEEE International Conference on Big Data; Big Data Conference*, Hrsg. Xiaohua Hu, 291–299. Piscataway: IEEE.

53. Ponomarev, Evgeny. 2019. DApp survey results 2019. Fluence. https://medium.com/fluence-network/dapp-survey-results-2019-a04373db6452. Zugegriffen: 21. März 2019.

54. Hughes, Alex, Andrew Park, Jan Kietzmann, Chris Archer-Brown. 2019. Beyond Bitcoin: What blockchain and distributed ledger technologies mean for firms. *Business Horizons*. https://doi.org/10.1016/j.bushor.2019.01.002.

Printed in the United States
By Bookmasters